Yolanda Silvia Santiago Ayala
Santiago César Rojas Romero

ESPACIOS DE SOBOLEV PERIÓDICO Y ANÁLISIS DE ECUACIONES DE EVOLUCIÓN

Yolanda Silvia Santiago Ayala
Santiago César Rojas Romero

ESPACIOS DE SOBOLEV PERIÓDICO Y ANÁLISIS DE ECUACIONES DE EVOLUCIÓN

Teoría de Fourier

Editorial Académica Española

Imprint
Any brand names and product names mentioned in this book are subject to trademark, brand or patent protection and are trademarks or registered trademarks of their respective holders. The use of brand names, product names, common names, trade names, product descriptions etc. even without a particular marking in this work is in no way to be construed to mean that such names may be regarded as unrestricted in respect of trademark and brand protection legislation and could thus be used by anyone.

Cover image: www.ingimage.com

Publisher:
Editorial Académica Española
is a trademark of
International Book Market Service Ltd., member of OmniScriptum Publishing Group
17 Meldrum Street, Beau Bassin 71504, Mauritius
Printed at: see last page
ISBN: 978-620-3-58543-8

ESPACIOS DE SOBOLEV PERIÓDICO Y ANÁLISIS DE ECUACIONES DE EVOLUCIÓN

Yolanda Silvia Santiago Ayala
Santiago César Rojas Romero

Resumen

En este trabajo estudiamos los espacios de Sobolev periódico y algunas aplicaciones a las ecuaciones de evolución. Estudiamos los espacios de Sobolev periódico como subespacios de las distribuciones periódicas, sus caracterizaciones, inclusiones densas e inmersiones, así como la propiedad de ser estos espacios álgebras de Banach cuando $s > 1/2$.

Estudiamos la existencia y unicidad de solución de ecuaciones de evolución homogéneas o no homogéneas: ecuación del calor, ecuación de onda y ecuación KdV-Kuramoto-Sivashinsky. Obteniendo también la dependencia continua de las soluciones respecto a los datos iniciales.

Generalizamos los resultados obtenidos y realizamos versiones sutiles de estos, mediante la construcción de familias de operadores, grupos o semigrupos.

Finalmente, analizamos el comportamiento local o global de las soluciones de las ecuaciones estudiadas.

Índice general

4. Análisis de la existencia de solución de la Ecuación de Onda   67

5. Análisis de la existencia de solución de la Ecuación KdV-K-S   103

6. Conclusiones   118

Bibliografía   119

Introducción

En este trabajo estudiamos los espacios de Sobolev periódico H^s_{per} y algunas aplicaciones a las ecuaciones de evolución. Estudiamos los espacios de Sobolev periódicos como subespacios de las distribuciones periódicas, sus caracterizaciones, inclusiones densas e inmersiones, y la propiedad que los H^s_{per} son álgebras de Banach para $s > 1/2$. Aplicando esto, estudiamos la existencia y unicidad de solución de ecuaciones de evolución homogéneas o no homogéneas: ecuación del calor, ecuación de onda y ecuación KdV-Kuramoto-Sivashinsky. Analizando también, la dependencia continua de las soluciones respecto a los datos iniciales.

Generalizamos los resultados obtenidos y realizamos versiones sutiles de estos, mediante una familia de operadores, grupos o semigrupos, respectivamente.

También, analizamos el comportamiento local o global de las soluciones de las ecuaciones estudiadas.

Para futuros trabajos, queremos enfatizar que esto nos permite aplicar métodos computacionales para determinar la solución, con el grado de aproximación que se requiera y con la menor tasa de error.

Queremos resaltar que Iorio (2002) es fuente de ideas y problemas propuestos. No podemos dejar de mencionar la riqueza de información de Terence (2006) y Kato (1980). Y para el caso periódico también es importante mencionar a Linares and Ponce (2015) y Santiago and Rojas (2020).

También, podemos citar algunos trabajos de existencia vía semigrupos, como Liu and Zheng (1999), Muñoz (2007), Pazy (1987), Santiago (2003; 2012) y nos apoyamos de algunos resultados importantes de Kato (1980), Rudin (1976) y Santiago (2014).

Este libro está organizado en seis capítulos. En el capítulo 1, enunciamos los resultados que usaremos en el trabajo.

En el capítulo 2, estudiamos los espacios de Sobolev periódicos, probando importantes propiedades.

En el capítulo 3, estudiamos la existencia de solución de la ecuación del calor homogénea y no homogénea.

El capítulo 4, está íntegramente dedicado al estudio de la existencia de solución de la ecuación de onda homogénea y no homogénea.

En el capítulo 5, estudiamos la existencia, regularidad y dependencia continua de solución de la ecuación KdV-Kuramoto-Sivashinsky.

Finalmente, en el capítulo 6 damos las conclusiones de nuestro estudio.

Lima, Abril de 2021.

Capítulo 1

Preliminares

En este capítulo presentamos las definiciones y resultados básicos que usaremos en el desarrollo del trabajo.

1.1. M-Test de Weierstrass

El criterio más usado para garantizar convergencia absoluta y uniforme de sucesiones de funciones es el siguiente resultado conocido como el M- test de Weierstrass.

Teorema 1.1 *Sea g_n una sucesión de funciones definidas en S. Si existe una sucesión de constantes positivas M_n tal que*

$$|g_n(x)| \leq M_n\,, \ \forall x \in S, \ \forall n \in \mathbb{N} \ y \ \sum_{n=1}^{\infty} M_n < \infty$$

entonces la serie $\sum_{n=1}^{\infty} g_n(x)$ es absoluta y uniformemente convergente.

Para ver este resultado podemos citar Rudin (1976).

1.2. Cálculo Diferencial: un resultado propuesto en Creighton (1965)

Previamente enunciaremos y probaremos el siguiente resultado.

Proposición 1.1 *Sea f de clase $C^1(\mathbb{R} \times \mathbb{R})$ y defina*

$$H(x, s, t) := \int_s^t f(x, y)\, dy$$

entonces se satisfacen las siguientes igualdades:

$$H_1(x,s,t) := \partial_x H(x,s,t) \;=\; \int_s^t \frac{\partial f}{\partial x}(x,y)\,dy$$

$$H_2(x,s,t) := \partial_s H(x,s,t) \;=\; -f(x,s)$$

$$H_3(x,s,t) := \partial_t H(x,s,t) \;=\; f(x,t)\,.$$

Demostración.- Calculando, obtenemos:

$$\frac{\partial H}{\partial x}(x,s,t) \;=\; \int_s^t \frac{\partial f}{\partial x}(x,y)\,dy$$

$$\frac{\partial H}{\partial s}(x,s,t) \;=\; \frac{\partial}{\partial s}\left\{-\int_t^s f(x,y)\,dy\right\} = -f(x,s)$$

$$\frac{\partial H}{\partial t}(x,s,t) \;=\; f(x,t)\,.$$

$\square$

Ahora, enunciaremos y probaremos un interesante resultado de diferenciabilidad, propuesto en Creighton (1965).

Proposición 1.2 *Sea $f \in C^1(\mathbb{R} \times \mathbb{R})$, α y β de clase $C^1(\mathbb{R})$. Definimos*

$$F(x) := \int_{\alpha(x)}^{\beta(x)} f(x,y)\,dy$$

entonces se tiene la siguiente igualdad:

$$F'(x) = f(x,\beta(x))\beta'(x) - f(x,\alpha(x))\alpha'(x) + \int_{\alpha(x)}^{\beta(x)} f_1(x,y)\,dy\,.$$

Demostración.- La función F puede ser vista como

$$F(x) = H(x,\alpha(x),\beta(x)) = H \circ (I,\alpha,\beta)(x)\,,$$

donde $I(x) = x$ y H es la función introducida en la Proposición 1.1. Usando la Regla de la Cadena, obtenemos:

$$D_x F = (D_{(x,\alpha(x),\beta(x))}H) \cdot D_x(I,\alpha,\beta)\,.$$

Usando la proposición 1.1 tenemos

$$D_{(x,\alpha(x),\beta(x))}H \;=\; (H_1,H_2,H_3)_{(x,\alpha(x),\beta(x))}$$

$$=\; \left(H_{1(x,\alpha(x),\beta(x))}, H_{2(x,\alpha(x),\beta(x))}, H_{3(x,\alpha(x),\beta(x))}\right)\,.$$

También,

$$D_x(I, \alpha, \beta) \;=\; (1, \alpha'(x), \beta'(x))\,.$$

Por lo tanto,

$$
\begin{aligned}
D_x F &= H_{1(x,\alpha(x),\beta(x))} + \alpha'(x)\cdot H_{2(x,\alpha(x),\beta(x))} + \beta'(x)\cdot H_{3(x,\alpha(x),\beta(x))}\\[2mm]
&= \int_{\alpha(x)}^{\beta(x)} f_1(x,y)\,dy + \alpha'(x)\{-f(x,\alpha(x))\} + \beta'(x)\{f(x,\beta(x))\}\\[2mm]
&= \int_{\alpha(x)}^{\beta(x)} f_1(x,y)\,dy + -\alpha'(x)f(x,\alpha(x)) + \beta'(x)f(x,\beta(x))\,.
\end{aligned}
$$

$\square$

Observación 1.1 *Si* $F(x) = \int_{x^2}^{e^x} \frac{sen\,xu}{u}\,du$ *entonces*

$$F'(x) = (1 + x^{-1})senx \cdot e^x - 3x^{-1}senx^3\,.$$

En efecto, usando la previa proposición con $f(x,y) = \frac{senxy}{y}$, $\alpha(x) = x^2$, $\beta(x) = e^x$, de donde $f_1(x,y) = cosxy$, $\alpha'(x) = 2x$ y $\beta'(x) = e^x$, obtenemos:

$$
\begin{aligned}
F'(x) &= senxe^x - 2\frac{senx^3}{x} + \int_{x^2}^{e^x} cosxu\,du\\[2mm]
&= senxe^x - 2\frac{senx^3}{x} + \left.\frac{senxu}{x}\right|_{x^2}^{e^x}\\[2mm]
&= senxe^x - 2\frac{senx^3}{x} + \frac{senxe^x}{x} - \frac{senxx^2}{x}\\[2mm]
&= (1 + \frac{1}{x})senxe^x - 3\frac{senx^3}{x}\,.
\end{aligned}
$$

Observación 1.2 *Sea* $g \in C^1(\mathbb{R} \times \mathbb{R})$, *si* $G(t) := \int_0^t g(t,s)\,ds$ *entonces*

$$G'(t) = g(t,t) + \int_0^t g_1(t,s)\,ds\,.$$

En efecto, consideramos $\alpha(x) = 1$ y $\beta(x) = x$, de donde tenemos $\alpha'(x) = 0$ y $\beta'(x) = 1$. Usando la proposición precedente obtenemos:

$$
\begin{aligned}
G'(t) &= 1 \cdot g(t,t) - 0 \cdot g(t,0) + \int_0^t g_1(t,s)\,ds\\[2mm]
&= g(t,t) + \int_0^t g_1(t,s)\,ds\,.
\end{aligned}
$$

Observación 1.3 *Se cumple la siguiente igualdad:*

$$\frac{\partial}{\partial t}\left\{\int_{-\infty}^{t}(a(t-\tau)-a_{\infty})H(\tau)\,d\tau\right\} = \{a(0)-a_{\infty}\}H(t) + \int_{-\infty}^{t}a'(t-\tau)H(\tau)\,d\tau\,,$$

donde $a \in C^1(\mathbb{R})$, $H \in C(\mathbb{R})$ *y* a_{∞} *es una constante.*

La proposición 1.2 o sus generalizaciones se aplican fuertemente en muchos trabajos, por ejemplo en Iorio (2002), Liu and Zheng (1999), Creighton (1965) y Santiago (2009).

1.3. Método de Variación de Parámetros

Sean a y b constantes, H una función continua y la ecuación diferencial de segundo orden:

$$\left|\begin{array}{l}\partial_t^2 y(t) + a\partial_t y(t) + by(t) = H(t)\\ y(0) = y_0\\ \partial_t y(0) = y_1\end{array}\right. \tag{1.1}$$

Sea $\{\Phi_1, \Phi_2\}$ una base del espacio solución de la ecuación homogénea de (1.1):

$$\partial_t^2 y(t) + a\partial_t y(t) + by(t) = 0 \tag{1.2}$$

entonces $y_h(t) = A\Phi_1(t) + B\Phi_2(t)$ es solución de (1.2) satisfaciendo:

$$\left|\begin{array}{l}y_h(0) = y_0\\ \partial_t y_h(0) = y_1\,,\end{array}\right. \tag{1.3}$$

donde A y B son constantes por determinar.

(Usando la Regla de Cramer tenemos:

$$A = \frac{\left|\begin{array}{cc}y_0 & \Phi_2(0)\\ y_1 & \Phi_2'(0)\end{array}\right|}{\omega(0)} \quad \text{y} \quad B = \frac{\left|\begin{array}{cc}\Phi_1(0) & y_0\\ \Phi_1'(0) & y_1\end{array}\right|}{\omega(0)}\Bigg)$$

Recordamos que

$$\omega = \omega(t) = \omega(\Phi_1, \Phi_2)(t) = \left|\begin{array}{cc}\Phi_1(t) & \Phi_2(t)\\ \Phi_1'(t) & \Phi_2'(t)\end{array}\right| = \Phi_1(t)\Phi_2'(t) - \Phi_2(t)\Phi_1'(t) \neq 0$$

es el Wronskiano de Φ_1 y Φ_2.

También, tenemos que $y_p(t) = A(t)\Phi_1(t) + B(t)\Phi_2(t)$ es solución de

$$\partial_t^2 y(t) + a\partial_t y(t) + by(t) = H(t), \tag{1.4}$$

verificando:

$$A'(t)\Phi_1(t) + B'(t)\Phi_2(t) = 0$$
$$A'(t)\Phi_1'(t) + B'(t)\Phi_2'(t) = H(t)$$

y satisfaciendo las condiciones nulas:

$$\left|\begin{array}{l} y_p(0) = 0 \\ \partial_t y_p(0) = 0\,, \end{array}\right. \tag{1.5}$$

donde A y B son funciones por determinar.

(Podemos usar la Regla de Cramer y obtener:

$$y_p(t) = \int_0^t \frac{H(\tau)}{\omega(\tau)}\{\Phi_1(\tau)\Phi_2(t) - \Phi_1(t)\Phi_2(\tau)\}d\tau \Big)$$

Así, la solución de la EDO (1.1) es

$$y(t) := y_h(t) + y_p(t)\,,$$

donde y_h es la solución de la ecuación homogénea (1.2)-(1.3) y y_p es la solución de la ecuación no homogénea (1.4)- (1.5).

1.4. Los espacios $l^p(Z)$

Ejemplo 1.1 *Sea $1 \leq p < \infty$, definimos el conjunto:*

$$l^p(Z) := \left\{ (x_n)_{n=-\infty}^{+\infty}, x_n \in \mathbb{C}\,; \sum_{n=-\infty}^{+\infty} |x_n|^p < \infty \right\}$$

con dos operaciones:

$$(x_n) + (y_n) = (x_n + y_n)\,, \quad (x_n), (y_n) \in l^p(Z)$$
$$\lambda(x_n) = (\lambda x_n)\,, \quad \lambda \in \mathbb{C}\,, \quad (x_n) \in l^p(Z)\,,$$

que hace que sea un $\mathbb{C}$-espacio vectorial. Y la aplicación

$$\|(x_n)\|_p := \left(\sum_{n=-\infty}^{+\infty} |x_n|^p \right)^{\frac{1}{p}}$$

que hace de $l^p(Z)$ un espacio normado y completo, esto es $(l^p(Z), \|\cdot\|_p)$ es un espacio de Banach.

Ejemplo 1.2 *Sea el conjunto*

$$l^\infty(Z) := \left\{ (x_n)_{n=-\infty}^{+\infty}, x_n \in \mathbb{C}; \sup_{n \in Z} |x_n| < \infty \right\}$$

que con las operaciones definidas arriba es un $\mathbb{C}$-espacio vectorial. Y la aplicación

$$\|(x_n)\|_\infty := \sup_{n \in Z} |x_n|$$

que hace de $l^\infty(Z)$ un espacio normado y completo, esto es, el par $(l^\infty(Z), \|\cdot\|_\infty)$ es un espacio de Banach.

Observación 1.4 *Sea $(E, \|\cdot\|)$ un espacio normado, si verifica la Ley del Paralelogramo, entonces la norma "viene de un producto interno". "Viene de un producto interno" significa que existe un producto interno $< \cdot, \cdot >$ tal que $\|\cdot\| = \|\cdot\|_{<,>}$, donde $\|y\|_{<,>} := < y, y >^{\frac{1}{2}}$. Este resultado es conocido como el* **Teorema de Fréchet, Jordan and Von Neumann.**

Proposición 1.3 *La norma $\|\cdot\|_p$ viene de un producto interno sii $p = 2$. Esto es, si $p \neq 2$, la norma $\|\cdot\|_p$ no viene de un producto interno. El caso $p = 2$, $\|\cdot\|_2$ es la norma inducida del producto interno $< \cdot, \cdot >$ definido en $l^2(Z)$ por*

$$< x, y > := \sum_{k=1}^{\infty} x_k \overline{y_k}$$

para $x = (x_k)_{k \in Z}$, $y = (y_k)_{k \in Z}$ en $l^2(Z)$. Esto es,

$$\|x\|_2 = \|x\|_{<\cdot,\cdot>} = \left(\sum_{k=-\infty}^{\infty} |x_k|^2 \right)^{\frac{1}{2}}.$$

Demostración.- Sean $x = (x_k)_{k \in Z}$, $y = (y_k)_{k \in Z}$ en $l^2(Z)$. Para $l \in \mathbb{N}$, usando la desigualdad triangular de la $p = 2$-norma en $\mathbb{C}^{2l+1}$ tenemos

$$\left(\sum_{k=-l}^{l} |x_k + y_k|^2 \right)^{\frac{1}{2}} \leq \left(\sum_{k=-l}^{l} |x_k|^2 \right)^{\frac{1}{2}} + \left(\sum_{k=-l}^{l} |y_k|^2 \right)^{\frac{1}{2}}$$

$$\leq \left(\sum_{k=-\infty}^{\infty} |x_k|^2 \right)^{\frac{1}{2}} + \left(\sum_{k=-\infty}^{\infty} |y_k|^2 \right)^{\frac{1}{2}}$$

$$= \|x\|_{l^2} + \|y\|_{l^2},$$

y como la sucesión es creciente y acotada superiormente, entonces existe el límite y satisface

$$\left(\sum_{k=-\infty}^{\infty} |x_k + y_k|^2 \right)^{\frac{1}{2}} \leq \|x\|_{l^2} + \|y\|_{l^2}$$

i.e. $x + y \in l^2(Z)$ y $\|x + y\|_{l^2} \leq \|x\|_{l^2} + \|y\|_{l^2}$.

Para $l \in I\!N$, tenemos

$$\sum_{k=-l}^{l} |\lambda x_k|^2 = \sum_{k=-l}^{l} |\lambda|^2 |x_k|^2 = |\lambda|^2 \underbrace{\sum_{k=-l}^{l} |x_k|^2}_{Suc.\ convergente} \ .$$

Tomando límite cuando $l \to +\infty$, obtenemos

$$\sum_{k=-\infty}^{+\infty} |\lambda x_k|^2 = |\lambda|^2 \left(\sum_{k=-\infty}^{+\infty} |x_k|^2 \right) .$$

Luego, $\lambda x \in l^2(Z)$ y $\|\lambda x\|_{l^2} = |\lambda| \|x\|_{l^2}$.

Así, las dos operaciones: $+$ y $\cdot$, suma y producto por un escalar, están bien definidas en $l^2(Z)$. Se prueba fácilmente que $(l^2(Z), +, \cdot)$ es un $\mathbb{C}$- espacio vectorial.

Ahora, queremos probar que la aplicación $< \cdot, \cdot >$ está bien definida. En efecto, sean $x = (x_k)_{k \in Z}$, $y = (y_k)_{k \in Z}$ en $l^2(Z)$. Para $l < m$ tenemos

$$\sum_{k=-m}^{m} x_k \overline{y_k} - \sum_{k=-l}^{l} x_k \overline{y_k} = \sum_{l < |k| \leq m} x_k \overline{y_k} . \tag{1.6}$$

Tomando módulo a la identidad (1.6) y usando la desigualdad de Hölder en $\mathbb{C}^{2(m-l)}$ obtenemos

$$\left| \sum_{k=-m}^{m} x_k \overline{y_k} - \sum_{k=-l}^{l} x_k \overline{y_k} \right| = \left| \sum_{l < |k| \leq m} x_k \overline{y_k} \right|$$

$$\leq \left(\sum_{l < |k| \leq m} |x_k|^2 \right)^{\frac{1}{2}} \left(\sum_{l < |k| \leq m} |y_k|^2 \right)^{\frac{1}{2}} \to 0 ,$$

cuando $m, l \to +\infty$. Esto es, la sucesión $\left(\sum_{k=-l}^{l} x_k \overline{y_k} \right)_{l \in I\!N}$ es de Cauchy en $\mathbb{C}$. Luego, existe el límite de la sucesión, i.e. la serie $\sum_{k=-\infty}^{+\infty} x_k \overline{y_k}$ es convergente.

Desde que $\displaystyle\sum_{k=-l}^{l} |x_k|^2 \geq 0$, $\forall l \geq 0$ con $x = (x_k) \in l^2(Z)$, tomando límite tenemos

$$\underbrace{\sum_{k=-\infty}^{+\infty} |x_k|^2}_{=<x,x>} \geq 0\,.$$

Si $x = (x_k) \in l^2(Z)$ y $< x, x >= 0$ tenemos

$$0 =< x, x >= \sum_{k=-\infty}^{+\infty} |x_k|^2 \geq |x_j|^2\,, \ \forall j \in Z\,.$$

Entonces $|x_j| = 0$, i.e. $x_j = 0$, $\forall j \in Z$; esto es $x = 0$.

Si $x = 0$, i.e. $x_j = 0$, $\forall j \in Z$. Luego, $< x, x >= \displaystyle\sum_{j=-\infty}^{+\infty} |\underbrace{x_j}_{=0}|^2 = 0$.

Y rápidamente se comprueba que:

$$< \alpha x + y, z > \ = \ \alpha < x, z > + < y, z >$$
$$< x, u + \beta v > \ = \ < x, u > + \overline{\beta} < x, v >\,,$$

con lo que se ha probado que $< \cdot, \cdot >$ es un producto interno en $l^2(Z)$.

Ahora, probaremos que si $p \in [1, 2) \cup (2, \infty]$ (i.e. $p \neq 2$) entonces la norma $\| \cdot \|_p$ no viene de un producto interno. En efecto, basta tomar $x = (x_k)_{k \in Z}$ tal que $x_1 = 1$ con $x_k = 0$, $\forall k \in Z - \{1\}$ e $y = (y_k)_{k \in Z}$ tal que $y_2 = 1$ con $y_k = 0$, $\forall k \in Z - \{2\}$. Entonces: $\|x\|_p = 1$, $\|y\|_p = 1$ para $p \in [1, \infty]$, de ahí $\|x \pm y\|_p = 2^{\frac{1}{p}}$ para $p \in [1, \infty)$ y $\|x \pm y\|_\infty = 1$.

Luego, para $p \in [1, 2) \cup (2, \infty)$ tenemos

$$\|x + y\|_p^2 + \|x - y\|_p^2 = 2 \cdot 2^{\frac{2}{p}} \overset{?}{\neq} 2 \cdot 2 = 2\{\|x\|_p^2 + \|y\|_p^2\}\,.$$

Luego, la igualdad no se cumple si $2 \neq p$. Esto es, si $p \in [1, 2) \cup (2, \infty)$ entonces no se satisface la Ley del Paralelogramo. Usando el Teorema de Fréchet, Jordan y Von Neumann concluimos que la norma $\| \cdot \|_p$ no viene de un producto interno.

Por otro lado, para $p = \infty$ vemos que:

$$\|x + y\|_\infty^2 + \|x - y\|_\infty^2 = 2 \neq 4 = 2 \cdot 2 = 2\{\|x\|_\infty^2 + \|y\|_\infty^2\}\,.$$

Luego, la norma $\| \cdot \|_\infty$ no satisface la Ley del Paralelogramo y por consiguiente no viene de un producto interno.

$\square$

Proposición 1.4 $l^2(Z)$ *es un espacio de Hilbert, Reflexivo y Separable.*

Demostración.- En efecto, sea x_n una sucesión de Cauchy en $l^2(Z)$, que denotamos por $x_n = (x_{n,k})_{k \in Z}$. Entonces $\|x_n - x_m\|_2 \to 0$ cuando $n, m \to +\infty$. Esto es, existe $N_o > 0$ tal que

$$\epsilon > \|x_n - x_m\|_2 = \left(\sum_{k=-\infty}^{+\infty} |x_{n,k} - x_{m,k}|^2 \right)^{\frac{1}{2}} \geq |x_{n,j} - x_{m,j}| \qquad (1.7)$$

para todo $n, m > N_o$ y $\forall j \in Z$.

Para cada j fijado, usando (1.7) tenemos que $(x_{n,j})_{n \in I\!N}$ es de Cauchy en $\mathbb{C}$. Así, como $\mathbb{C}$ es completo entonces existe $x_j \in \mathbb{C}$ tal que $\lim_{n \to +\infty} x_{n,j} = x_j$.

Definimos

$$x := (x_j)_{j \in Z} \, .$$

Probaremos que $x \in l^2(Z)$ y que $x_n \xrightarrow{\|\cdot\|_2} x$, cuando $n \to +\infty$.

De (1.7) y como $\left(\sum_{k=-\infty}^{+\infty} |x_{n,k} - x_{m,k}|^2 \right)^{\frac{1}{2}} \geq \left(\sum_{k=-l}^{l} |x_{n,k} - x_{m,k}|^2 \right)^{\frac{1}{2}}$ tenemos

$$\epsilon > \left(\sum_{k=-l}^{l} |x_{n,k} - x_{m,k}|^2 \right)^{\frac{1}{2}} \, , \, \forall m, n > N_o \, , \, \forall l > 0 \, . \qquad (1.8)$$

Tomando límite a (1.8) cuando $m \to +\infty$, obtenemos

$$\epsilon \geq \left(\sum_{k=-l}^{l} |x_{n,k} - x_k|^2 \right)^{\frac{1}{2}} \, , \, \forall n > N_o \, , \, \forall l > 0 \, . \qquad (1.9)$$

Tomando límite a (1.9) cuando $l \to +\infty$, obtenemos

$$\epsilon \geq \underbrace{\left(\sum_{k=-\infty}^{+\infty} |x_{n,k} - x_k|^2 \right)^{\frac{1}{2}}}_{=\|x_n - x\|_2} \, , \, \forall n > N_o \, , \qquad (1.10)$$

esto es, $x_n \xrightarrow{\|\cdot\|_2} x$, cuando $n \to +\infty$.

La desigualdad (1.10) nos dice que $x_n - x \in l^2(Z)$, para $n > N_o$. Usando esto, con $n^* > N_o$ tenemos

$$x = \underbrace{x_{n^*}}_{\in l^2(Z)} - \underbrace{(x_{n^*} - x)}_{\in l^2(Z)} \, ,$$

entonces $x \in l^2(Z)$.

Por otro lado, sabemos que todo espacio de Hilbert es Reflexivo, por lo tanto $l^2(Z)$ es Reflexivo.

Ahora, probaremos que $l^2(Z)$ es Separable. Para esto, introducimos el siguiente conjunto

$$B := \{e_i = (\ldots, 0, \ldots, 0, \underbrace{1}_{\text{i-ésima entrada}}, 0, \ldots, 0 \ldots), \quad i \in Z\} \subset l^2(Z).$$

Se observa que B es numerable.

Afirmamos que $\overline{L(B)} = l^2(Z)$, donde $L(B)$ es el conjunto cuyos elementos son combinaciones lineales finitas de elementos de B. Así,

$$L(B) = \{x = (x_k)_{k \in Z} \text{ tal que } \exists l, m \in Z,\, l < m\,,\, x_k = 0\,, \forall k \geq m, k \leq l\} \subset l^\infty(Z).$$

Obviamente $L(B) \subset l^2(Z)$ y la cerradura de $L(B)$ satisface $\overline{L(B)} \subset l^2(Z)$.

Sea $x = (x_i)_{i \in Z} \in l^2(Z)$, definimos

$$y_i = (\ldots, 0, x_{-i} \ldots, x_{-1}, x_0, x_1, \ldots x_i, 0 \ldots) \in L(B).$$

Como $\displaystyle\sum_{k=-\infty}^{+\infty} |x_k|^2 < \infty$ entonces dado $\epsilon > 0$, existe $m^* \in I\!N$ tal que

$$\sum_{|k|>m^*} |x_k|^2 < \epsilon. \tag{1.11}$$

De (1.11) tenemos que $\exists\, m^* \in I\!N$ tal que

$$\epsilon > \|y_{m^*} - x\|_{l^2}^2 = \sum_{|k|>m^*} |x_k|^2 > \sum_{|k|>n} |x_k|^2 = \|y_n - x\|_{l^2}^2\,, \quad \forall n > m^*,$$

i.e. $x \in \overline{L(B)}$. Esto es, $l^2(Z) \subset \overline{L(B)}$ y con esto queda probado $\overline{L(B)} = l^2(Z)$.
$\square$

En general tenemos las siguientes propiedades.

Proposición 1.5 *Se satisface:*

1. *$l^p(Z)$ es Reflexivo si $1 < p < \infty$.*

2. *$l^1(Z)$ y $l^\infty(Z)$ no son Reflexivos.*

3. *$(l^1(Z))^* = l^\infty(Z)$.*

4. $l^p(Z)$ *es Separable si* $1 \leq p < \infty$.

5. $l^\infty(Z)$ *no es Separable*.

6. $(l^p(Z))^* = l^q(Z)$ *para* $1 < p, q < \infty$ *tal que* $\frac{1}{p} + \frac{1}{q} = 1$.

7. $(l^\infty(Z))^* \neq l^1(Z)$.

En resumen, obtenemos:

PROPIEDADES DE LOS ESPACIOS $l^p(Z)$

	REFLEXIVO	SEPARABLE	ESPACIO DUAL
$l^p(Z)$, $p \in (1, \infty)$	SI	SI	$l^q(Z)$, $\frac{1}{p} + \frac{1}{q} = 1$
$l^1(Z)$	NO	SI	$l^\infty(Z)$
$l^\infty(Z)$	NO	NO	Contiene estricto a $l^1(Z)$

1.5. Espacios y operadores

Para esta sección podemos citar Pazy (1987), Muñoz (2007) y Santiago (2014).

Definición 1.1 *Un* **Álgebra de Banach** *es un espacio de Banach* X, *con un producto* $(x, y) \in X \times X \mapsto xy \in X$ *tal que,* $\forall x, y, z \in X$ *y* $\forall r \in \mathbb{C}$ *se satisfacen*

a) $(xy)z = x(yz)$,

b) $r(xy) = (rx)y = x(ry)$,

c) $(x + y)z = xz + yz$,

d) $\|xy\|_X \leq \|x\|_X \|y\|_X$.

Definición 1.2 *Sea* χ *un espacio de Banach. Un* **semigrupo a un parámetro fuertemente continuo en** χ *(o simplemete un semigrupo de clase* C_0*) es una aplicación*

$$S : [0, +\infty) \to L(\chi)$$

tal que

13

1. $S(0) = I$, donde I es la identidad en $L(\chi)$

2. $S(t + r) = S(t)S(r)$, $\forall t, r \in [0, +\infty)$

3. $\lim_{t \to 0^+} \|S(t)\phi - \phi\|_\chi = 0$, $\forall \phi \in \chi$

y la denotaremos por $\{S(t)\}_{t \geq 0}$.

Observación 1.5 *Si $\{S(t)\}_{t \geq 0}$ es un semigrupo de clase C_0 entonces se verifica:*

$$\lim_{t \to r} \|S(t)\phi - S(r)\phi\|_\chi = 0, \ \forall r \in [0, \infty), \forall \phi \in \chi.$$

Esto es, para cada $\phi \in \chi$, la aplicación

$$\begin{aligned} : [0, \infty) &\longrightarrow \chi \\ t &\longrightarrow S(t)\phi \end{aligned}$$

es continua.

Definición 1.3 *Si la familia $\{S(t)\}_{t \geq 0}$ es un semigrupo de clase C_0 que satisface $\|S(t)\|_{L(\chi)} \leq 1$, $\forall t \in [0, \infty)$, diremos que ese semigrupo es de* **contracción**.

Definición 1.4 *Sea χ un espacio de Banach. Un* **grupo a un parámetro fuertemente continuo en** χ *(o simplemete un grupo de clase C_0) es una aplicación*

$$T : \mathbb{R} \to L(\chi)$$

tal que

1. $T(0) = I$, donde I es la identidad en $L(\chi)$

2. $T(t + r) = T(t)T(r)$, $\forall t, r \in \mathbb{R}$

3. $\lim_{t \to 0} \|T(t)\phi - \phi\|_\chi = 0$, $\forall \phi \in \chi$

y la denotaremos por $\{T(t)\}_{t \in \mathbb{R}}$.

Observación 1.6 *Si $\{T(t)\}_{t \in \mathbb{R}}$ es un grupo de clase C_0, entonces satisface:*

$$\lim_{t \to r} \|T(t)\phi - T(r)\phi\|_\chi = 0, \quad \forall r \in \mathbb{R}, \forall \phi \in \chi.$$

Definición 1.5 *Si χ es un espacio de Hilbert y $T(t) \in L(\chi)$ es un operador unitario $\forall t \in \mathbb{R}$, entonces diremos que el grupo $\{T(t)\}_{t \in \mathbb{R}}$ es* **unitario**.

Capítulo 2

Espacios de Sobolev periódico

En este capítulo estudiaremos los espacios de Sobolev modelados en L^2 caso periódico. Para obtener información general de espacios de Sobolev modelados en L^p, podemos citar Adams (1975). Estos espacios son sumamente útiles en el análisis de las ecuaciones diferenciales parciales. Visualizaremos su riqueza cuando analicemos algunas ecuaciones de evolución, en los capítulos siguientes.

Es importante enfatizar que estos espacios permiten hacer una clasificación de las distribuciones periódicas, en función de sus regularidades. Para este capítulo, citamos Iorio (2002).

Nuestro trabajo está organizado como sigue. En la sección 2.1, tratamos intuitivamente convergencias en $I\!R$ de series fundamentales, como la función Zeta de Riemann. En la sección 2.2, estudiamos los espacios l^p con peso: l^p_s. En la sección 2.3, intoducimos los espacios de Sobolev periódico: H^s_{per} y sus propiedades. En la sección 2.4, estudiamos las inclusiones densas de H^s_{per}. En la sección 2.5, caracterizamos los espacios H^s_{per} cuando s es un número natural. En la sección 2.6, estudiamos los espacios H^s_{per} cuando $s > \frac{1}{2}$, probando el importante Lema de Inmersión de Sobolev. En la sección 2.7, introducimos la convolución de sucesiones numéricas, probando la desigualdad de Young. En la sección 2.8, probamos acotaciones fundamentales que usaremos en la siguiente sección. En la sección 2.9, introducimos una operación producto en H^s_{per} cuando $s > \frac{1}{2}$ y probamos que H^s_{per} es un Álgebra de Banach. Finalmente, en la sección 2.10 presentamos 2 diagramas que resume las inclusiones continuas e inmersiones densas en P' y H^s_{per}, respectivamente.

2.1. La función Zeta de Riemann. Convergencias

En esta sección queremos probar que la serie

$$\sum_{k=-\infty}^{+\infty} \frac{1}{(1+|k|^2)^s}$$

converge si $s > \frac{1}{2}$.

Para esto, observamos que

$$\sum_{k=-\infty}^{+\infty} \frac{1}{(1+|k|^2)^s} = 1 + 2 \sum_{k=1}^{+\infty} \frac{1}{(1+|k|^2)^s}.$$

Luego, todo se reduce a demostrar que la serie

$$\sum_{k=1}^{+\infty} \frac{1}{(1+|k|^2)^s}$$

converge.

Ahora, como $\frac{1}{(1+|k|^2)} \leq \frac{1}{|k|^2}$ para $k \geq 1$, entonces $\frac{1}{(1+|k|^2)^s} \leq \frac{1}{|k|^{2s}}$.

Luego, por comparación, si la serie $\sum_{k=1}^{+\infty} \frac{1}{|k|^{2s}}$ converge entonces la serie $\sum_{k=1}^{+\infty} \frac{1}{(1+|k|^2)^s}$ también converge.

Así, en lo que sigue probaremos que la serie $\sum_{k=1}^{+\infty} \frac{1}{|k|^{2s}}$ converge.

Introducimos la función Zeta de Riemann $\zeta(r)$, que está definida por la serie de Dirichlet

$$\zeta(r) := \sum_{k=1}^{+\infty} \frac{1}{k^r}$$

y que probaremos su convergencia cuando $r > 1$.

También, introducimos las siguientes observaciones:

Observación 2.1 *Se verifca la igualdad*

$$\sum_{k=1}^{+\infty} \frac{1}{k^r} = \int_{1}^{+\infty} \frac{1}{x^r} dx,$$

desde que la función f, $f(x) := \frac{1}{x^r}$ es decreciente, continua y positiva en $[1, +\infty)$.

Luego, de la igualdad previa deducimos:

Observación 2.2 *La serie $\sum_{k=1}^{+\infty} \frac{1}{k^r}$ converge sii la intengral $\int_1^{+\infty} \frac{1}{x^r}\,dx$ existe.*

Finalmente, todo se reduce a querer saber ¿para que valores r la integral existe? La respuesta es la siguiente:

Observación 2.3 *La integral $\int_1^{+\infty} \frac{1}{x^r}dx$ existe sii $r > 1$.*

En efecto,

$$\int_1^{+\infty} \frac{1}{x^r}\,dx = \frac{1}{r-1} \lim_{M\to+\infty}\{1 - M^{-r+1}\} = \begin{cases} \frac{1}{r-1}, & \text{si } r > 1 \\ +\infty, & \text{si } r < 1 \end{cases}$$

y

$$\int_1^{+\infty} \frac{1}{x}\,dx = \lim_{M\to+\infty}\{Ln(M) - Ln(1)\} = +\infty, \quad \text{si } r = 1.$$

Finalmente, de estas observaciones podemos concluir con la prueba del siguiente resultado.

Proposición 2.1 *La función Zeta de Riemann está bien definida. i.e. La serie*

$$\sum_{k=1}^{+\infty} \frac{1}{k^r}$$

es convergente si $r > 1$.

Haciendo $2s = r > 1$, se tiene la convergencia de $\zeta(2s)$ y por lo tanto queda probado:

Proposición 2.2 *si $s > \frac{1}{2}$ entonces*

$$\sum_{k=-\infty}^{+\infty} \frac{1}{(1+k^2)^s} < \infty.$$

También, queremos resaltar la conexión entre la función Zeta de Riemann y los números primos. La relación existente la enunciamos en el siguiente resultado.

Proposición 2.3 *La función Zeta de Riemann es igual al producto de Euler. i.e. Si $r > 1$ entonces*

$$\sum_{k=1}^{+\infty} \frac{1}{k^r} = \prod_{p=primo} \left(\frac{1}{1 - p^{-r}}\right).$$

En general, este resultado es válido para $r \in \mathbb{C}$ tal que $Re(r) > 1$, donde ζ está bien definida.

2.2. Los espacios $l_s^p(Z)$

Ejemplo 2.1 *Sea $s \in \mathbb{R}$ y $1 \le p < \infty$, definimos el conjunto:*

$$l_s^p(Z) := \left\{ (x_n)_{n=-\infty}^{+\infty}, x_n \in \mathbb{C} \, ; \, \sum_{n=-\infty}^{+\infty} (1+n^2)^s |x_n|^p < \infty \right\}$$

con dos operaciones:

$$(x_n) + (y_n) = (x_n + y_n), \quad (x_n), (y_n) \in l_s^p(Z)$$
$$\lambda(x_n) = (\lambda x_n), \quad \lambda \in \mathbb{C}, \quad (x_n) \in l_s^p(Z),$$

que hace que sea un $\mathbb{C}$-espacio vectorial. Y la aplicación

$$\|(x_n)\|_{s,p} := \left(\sum_{n=-\infty}^{+\infty} (1+n^2)^s |x_n|^p \right)^{\frac{1}{p}}$$

que hace de $l_s^p(Z)$ un espacio normado y completo, esto es $(l_s^p(Z), \| \cdot \|_{s,p})$ es un espacio de Banach.

Vemos que si $s = 0$ entonces $l_0^p(Z) = l^p(Z)$.

Proposición 2.4 *La norma $\| \cdot \|_{s,p}$ viene de un producto interno sii $p = 2$. Esto es, si $p \ne 2$, la norma $\| \cdot \|_{s,p}$ no viene de un producto interno. El caso $p = 2$, $\| \cdot \|_{s,2}$ es la norma inducida del producto interno $< \cdot, \cdot >_s$ definido en $l_s^2(Z)$ por*

$$< x, y >_s := \sum_{k=1}^{\infty} (1 + k^2)^s x_k \overline{y_k}$$

para $x = (x_k)_{k \in Z}$, $y = (y_k)_{k \in Z}$ en $l_s^2(Z)$. Esto es,

$$\|x\|_{s,2} = \|x\|_{< \cdot, \cdot >_s} = \left(\sum_{k=-\infty}^{\infty} (1 + k^2)^s |x_k|^2 \right)^{\frac{1}{2}}.$$

Demostración.- Sean $x = (x_k)_{k \in Z}$, $y = (y_k)_{k \in Z}$ en $l_s^2(Z)$. Para $l \in \mathbb{N}$, usando la desigualdad triangular de la $p = 2$-norma en $\mathbb{C}^{2l+1}$ tenemos

$$\left(\sum_{k=-l}^{l} (1+k^2)^s |x_k + y_k|^2 \right)^{\frac{1}{2}} \le \left(\sum_{k=-l}^{l} (1+k^2)^s |x_k|^2 \right)^{\frac{1}{2}} + \left(\sum_{k=-l}^{l} (1+k^2)^s |y_k|^2 \right)^{\frac{1}{2}}$$

$$\le \left(\sum_{k=-\infty}^{\infty} (1+k^2)^s |x_k|^2 \right)^{\frac{1}{2}} + \left(\sum_{k=-\infty}^{\infty} (1+k^2)^s |y_k|^2 \right)^{\frac{1}{2}}$$

$$= \|x\|_{s,2} + \|y\|_{s,2},$$

y como la sucesión es creciente y acotada superiormente, entonces existe el límite y satisface

$$\left(\sum_{k=-\infty}^{\infty} (1+k^2)^s |x_k + y_k|^2 \right)^{\frac{1}{2}} \leq \|x\|_{s,2} + \|y\|_{s,2}$$

i.e. $x + y \in l_s^2(Z)$ y $\|x+y\|_{s,2} \leq \|x\|_{s,2} + \|y\|_{s,2}$.

Para $l \in I\!N$, tenemos

$$\sum_{k=-l}^{l} (1+k^2)^s |\lambda x_k|^2 = \sum_{k=-l}^{l} (1+k^2)^s |\lambda|^2 |x_k|^2 = |\lambda|^2 \underbrace{\sum_{k=-l}^{l} (1+k^2)^s |x_k|^2}_{Suc.\ convergente} .$$

Tomando límite cuando $l \to +\infty$, obtenemos

$$\sum_{k=-\infty}^{+\infty} (1+k^2)^s |\lambda x_k|^2 = |\lambda|^2 \left(\sum_{k=-\infty}^{+\infty} (1+k^2)^s |x_k|^2 \right).$$

Luego, $\lambda x \in l_s^2(Z)$ y $\|\lambda x\|_{s,2} = |\lambda| \|x\|_{s,2}$.

Así, las dos operaciones: $+$ y $\cdot$, suma y producto por un escalar, están bien definidas en $l_s^2(Z)$. Se prueba fácilmente que $(l_s^2(Z), +, \cdot)$ es un $\mathbb{C}$- espacio vectorial.

Ahora, queremos probar que la aplicación $< \cdot, \cdot >_s$ está bien definida. En efecto, sean $x = (x_k)_{k \in Z}$, $y = (y_k)_{k \in Z}$ en $l_s^2(Z)$. Para $l < m$ tenemos

$$\sum_{k=-m}^{m} (1+k^2)^s x_k \overline{y_k} - \sum_{k=-l}^{l} (1+k^2)^s x_k \overline{y_k} = \sum_{l < |k| \leq m} (1+k^2)^s x_k \overline{y_k}. \qquad (2.1)$$

Tomando módulo a la identidad (2.1) y usando la desigualdad de Hölder en $\mathbb{C}^{2(m-l)}$ obtenemos

$$\left| \sum_{k=-m}^{m} (1+k^2)^s x_k \overline{y_k} - \sum_{k=-l}^{l} (1+k^2)^s x_k \overline{y_k} \right|$$

$$= \left| \sum_{l < |k| \leq m} (1+k^2)^s x_k \overline{y_k} \right|$$

$$\leq \left(\sum_{l < |k| \leq m} (1+k^2)^s |x_k|^2 \right)^{\frac{1}{2}} \left(\sum_{l < |k| \leq m} (1+k^2)^s |y_k|^2 \right)^{\frac{1}{2}} \to 0,$$

cuando $m, l \to +\infty$. Esto es, la sucesión $\left(\sum_{k=-l}^{l} (1+k^2)^s x_k \overline{y_k} \right)_{l \in I\!N}$ es de Cauchy en $\mathbb{C}$.

Luego, existe el límite de la sucesión, i.e. la serie $\sum_{k=-\infty}^{+\infty} (1+k^2)^s x_k \overline{y_k}$ es convergente.

Desde que $\sum\limits_{k=-l}^{l} (1+k^2)^s |x_k|^2 \geq 0$, $\forall l \geq 0$ con $x = (x_k) \in l_s^2(Z)$, tomando límite tenemos

$$\underbrace{\sum_{k=-\infty}^{+\infty} (1+k^2)^s |x_k|^2}_{=<x,x>_s} \geq 0 .$$

Si $x = (x_k) \in l_s^2(Z)$ y $< x, x >_s = 0$ tenemos

$$0 = < x, x >_s = \sum_{k=-\infty}^{+\infty} (1+k^2)^s |x_k|^2 \geq \underbrace{(1+j^2)^s}_{\neq 0} |x_j|^2 , \ \forall j \in Z .$$

Entonces $|x_j| = 0$, i.e. $x_j = 0$, $\forall j \in Z$; esto es $x = 0$.

Si $x = 0$, i.e. $x_j = 0$, $\forall j \in Z$. Luego, $< x, x >_s = \sum\limits_{j=-\infty}^{+\infty} (1+k^2)^s | \underbrace{x_j}_{=0} |^2 = 0$.

Y rápidamente se comprueba que:

$$\begin{aligned}
< \alpha x + y, z >_s &= \alpha < x, z >_s + < y, z >_s \\
< x, u + \beta v >_s &= < x, u >_s + \overline{\beta} < x, v >_s ,
\end{aligned}$$

con lo que se ha probado que $< \cdot, \cdot >_s$ es un producto interno en $l_s^2(Z)$.

Ahora, probaremos que si $p \in [1,2) \cup (2,\infty)$ (i.e. $p \neq 2$) entonces la norma $\| \cdot \|_{s,p}$ no viene de un producto interno. En efecto, basta tomar $x = (x_k)_{k \in Z}$ tal que $x_1 = 1$ con $x_k = 0$, $\forall k \in Z - \{1\}$ e $y = (y_k)_{k \in Z}$ tal que $y_{-1} = 1$ con $y_k = 0$, $\forall k \in Z - \{-1\}$. Entonces: $\|x\|_{s,p} = 2^{\frac{s}{p}}$, $\|y\|_{s,p} = 2^{\frac{s}{p}}$ para $p \in [1,\infty)$, de ahí $\|x \pm y\|_{s,p} = 2^{\frac{s+1}{p}}$ para $p \in [1,\infty)$.

Luego, para $p \in [1,2) \cup (2,\infty)$ tenemos

$$\|x+y\|_{s,p}^2 + \|x-y\|_{s,p}^2 = 2 \cdot 2^{\frac{2(s+1)}{p}} \overset{?}{\neq} 2^2 \cdot 2^{\frac{2s}{p}} = 2\{\|x\|_{s,p}^2 + \|y\|_{s,p}^2\} .$$

Luego, la igualdad no se cumple si $2 \neq p$. Esto es, si $p \in [1,2) \cup (2,\infty)$ entonces no se satisface la Ley del Paralelogramo. Usando el Teorema de Fréchet, Jordan y Von Neumann concluimos que la norma $\| \cdot \|_{s,p}$ no viene de un producto interno.
$\square$

Proposición 2.5 $l_s^2(Z)$ *es un espacio de Hilbert, Reflexivo y Separable.*

Demostración.- En efecto, sea x_n una sucesión de Cauchy en $l_s^2(Z)$, que denotamos por $x_n = (x_{n,k})_{k \in Z}$. Entonces $\|x_n - x_m\|_{s,2} \to 0$ cuando $n, m \to +\infty$. Esto es, existe

$N_o > 0$ tal que

$$\epsilon > \|x_n - x_m\|_{s,2} = \left(\sum_{k=-\infty}^{+\infty} (1+k^2)^s |x_{n,k} - x_{m,k}|^2 \right)^{\frac{1}{2}}$$
$$\geq (1+j^2)^s |x_{n,j} - x_{m,j}|^2 \tag{2.2}$$

para todo $n, m > N_o$ y $\forall j \in Z$.

Para cada j fijado, usando (2.2) tenemos que $((1+j^2)^{\frac{s}{2}} x_{n,j})_{n \in \mathbb{N}}$ es de Cauchy en $\mathbb{C}$.

Así, como $\mathbb{C}$ es completo entonces existe $y_j \in \mathbb{C}$ tal que $\displaystyle\lim_{n \to +\infty} (1+j^2)^{\frac{s}{2}} x_{n,j} = y_j$.

Luego, $\displaystyle\lim_{n \to +\infty} x_{n,j} = \underbrace{(1+j^2)^{\frac{-s}{2}} y_j}_{x_j :=}$.

Definimos

$$x := (x_j)_{j \in Z}.$$

Probaremos que $x \in l_s^2(Z)$ y que $x_n \xrightarrow{\|\cdot\|_{s,2}} x$, cuando $n \to +\infty$.

De (2.2) y como $\left(\displaystyle\sum_{k=-\infty}^{+\infty} (1+k^2)^s |x_{n,k} - x_{m,k}|^2 \right)^{\frac{1}{2}} \geq \left(\displaystyle\sum_{k=-l}^{l} (1+k^2)^s |x_{n,k} - x_{m,k}|^2 \right)^{\frac{1}{2}}$

tenemos

$$\epsilon > \left(\sum_{k=-l}^{l} (1+k^2)^s |x_{n,k} - x_{m,k}|^2 \right)^{\frac{1}{2}}, \quad \forall m, n > N_o, \ \forall l > 0. \tag{2.3}$$

Tomando límite a (2.3) cuando $m \to +\infty$, obtenemos

$$\epsilon \geq \left(\sum_{k=-l}^{l} (1+k^2)^s |x_{n,k} - x_k|^2 \right)^{\frac{1}{2}}, \quad \forall n > N_o, \ \forall l > 0. \tag{2.4}$$

Tomando límite a (2.4) cuando $l \to +\infty$, obtenemos

$$\epsilon \geq \underbrace{\left(\sum_{k=-\infty}^{+\infty} (1+k^2)^s |x_{n,k} - x_k|^2 \right)^{\frac{1}{2}}}_{=\|x_n - x\|_{s,2}}, \quad \forall n > N_o, \tag{2.5}$$

esto es, $x_n \xrightarrow{\|\cdot\|_{s,2}} x$, cuando $n \to +\infty$.

La desigualdad (2.5) nos dice que $x_n - x \in l_s^2(Z)$, para $n > N_o$. Usando esto, con $n^* > N_o$ tenemos

$$x = \underbrace{x_{n^*}}_{\in l_s^2(Z)} - \underbrace{(x_{n^*} - x)}_{\in l_s^2(Z)},$$

entonces $x \in l_s^2(Z)$.

Por otro lado, sabemos que todo espacio de Hilbert es Reflexivo, por lo tanto $l_s^2(Z)$ es Reflexivo.

Ahora, probaremos que $l_s^2(Z)$ es Separable. Para esto, introducimos el siguiente conjunto

$$B := \{e_i = (\ldots, 0, \ldots, 0, \underbrace{1}_{\text{i-ésima entrada}}, 0, \ldots, 0 \ldots), \quad i \in Z\} \subset l_s^2(Z).$$

Se observa que B es numerable.

Afirmamos que $\overline{L(B)} = l_s^2(Z)$, donde $L(B)$ es el conjunto cuyos elementos son combinaciones lineales finitas de elementos de B. Así,

$$L(B) = \{x = (x_k)_{k \in Z} \text{ tal que } \exists l, m \in Z,\, l < m\,,\, x_k = 0\,, \forall k \geq m,\, k \leq l\} \subset l^\infty(Z).$$

Obviamente $L(B) \subset l_s^2(Z)$ y la cerradura de $L(B)$ satisface $\overline{L(B)} \subset l_s^2(Z)$.

Sea $x = (x_i)_{i \in Z} \in l_s^2(Z)$, definimos

$$y_i = (\ldots, 0, x_{-i} \ldots, x_{-1}, x_0, x_1, \ldots x_i, 0 \ldots) \in L(B).$$

Como $\displaystyle\sum_{k=-\infty}^{+\infty} (1 + |k|^2)^s |x_k|^2 < \infty$ entonces dado $\epsilon > 0$, existe $m^* \in I\!N$ tal que

$$\sum_{|k|>m^*} (1 + |k|^2)^s |x_k|^2 < \epsilon. \tag{2.6}$$

De (2.6) tenemos que $\exists\, m^* \in I\!N$ tal que

$$\epsilon > \|y_{m^*} - x\|_{l_s^2}^2 = \sum_{|k|>m^*} (1 + |k|^2)^s |x_k|^2 > \sum_{|k|>n} (1 + |k|^2)^s |x_k|^2 = \|y_n - x\|_{l_s^2}^2,$$

$\forall n > m^*$, i.e. $x \in \overline{L(B)}$. Esto es, $l_s^2(Z) \subset \overline{L(B)}$ y con esto queda probado $\overline{L(B)} = l_s^2(Z)$.

$\square$

2.3. Definición de H_{per}^s y propiedades

Empezamos esta sección introduciendo la siguiente definición.

Definición 2.1 *Sea $s \in \mathbb{R}$, definimos*

$$H^s_{per}([-\pi, \pi]) := \left\{ f \in P' \text{ tal que } \sum_{k=-\infty}^{+\infty} (1 + |k|^2)^s |\widehat{f}(k)|^2 < \infty \right\} \subset P',$$

donde P es el espacio de las funciones infinitamente diferenciables y periódicas, con periodo 2π; P' es el dual topológico de P, conocido como el espacio de las distribuciones periódicas.

Observación 2.4 *Sea $s \in \mathbb{R}$, se verifica que $H^s_{per} := H^s_{per}([\pi, \pi])$ es un espacio vectorial.*

Definición 2.2 *Sea $s \in \mathbb{R}$, definimos en H^s_{per} la aplicación $\| \cdot \|_s$*

$$\|f\|_s := \left(2\pi \sum_{k=-\infty}^{+\infty} (1 + |k|^2)^s |\widehat{f}(k)|^2 \right)^{\frac{1}{2}}, \quad f \in H^s_{per}.$$

Observación 2.5 *La aplicación $\| \cdot \|_s$ es una norma en H^s_{per}. Así, $(H^s_{per}, \| \cdot \|_s)$ es un espacio normado.*

Observación 2.6 *Para $s \in \mathbb{R}$, se verifican las siguientes equivalencias:*

$$f \in H^s_{per} \Leftrightarrow \left((1 + |k|^2)^{\frac{s}{2}} \widehat{f}(k) \right)_{k \in Z} \in l^2(Z) \Leftrightarrow (\widehat{f}(k))_{k=-\infty}^{+\infty} = \widehat{f} \in l^2_s(Z)$$

donde $l^2_s(Z) = \left\{ \alpha = (\alpha_k)_{k \in Z} \text{ tal que } \sum_{k=-\infty}^{+\infty} (1 + |k|^2)^s |\alpha_k|^2 < \infty \right\}$ y $(l^2_s(Z), \| \cdot \|_{l^2_s})$ es un espacio normado, con la norma

$$\|\alpha\|_{l^2_s} = \left(2\pi \sum_{k=-\infty}^{+\infty} (1 + |k|^2)^s |\alpha_k|^2 \right)^{\frac{1}{2}},$$

que denotamos de ese modo para enfatizar el espacio.
Así, $\|f\|_s = \|\widehat{f}\|_{l^2_s}$.
Observe que $\| \cdot \|_{l^2_s} = \sqrt{2\pi} \| \cdot \|_{s,2}$.

Definición 2.3 *Para $s \in \mathbb{R}$, definimos en H^s_{per} la aplicación $< \cdot, \cdot >_s$*

$$< f, g >_s := 2\pi \sum_{k=-\infty}^{\infty} (1 + |k|^2)^s \widehat{f}(k) \overline{\widehat{g}(k)}.$$

Observación 2.7 *Para $s \in \mathbb{R}$, se verifican los siguientes enunciados*

a) *$(H_{per}^s, < \cdot, \cdot >_s)$ es un espacio con producto interno, cuyo producto interno induce la norma $\| \cdot \|_s$.*

b) *$(H_{per}^s, < \cdot, \cdot >_s)$ es un espacio de Hilbert, i.e. un espacio completo.*

Observación 2.8 *Para $s = 0$, tenemos*

$$f \in H_{per}^0 \Leftrightarrow \widehat{f} \in l^2 \Leftrightarrow f \in L_{per}^2([-\pi, \pi]),$$

i.e.

$$\|f\|_0 = \|\widehat{f}\|_{l^2} = \|f\|_{L^2([-\pi,\pi])}.$$

2.4. Inclusiones densas

Proposición 2.6 *Se satisface la siguiente inclusión*

$$P \subset H_{per}^s, \ \forall s \in \mathbb{R}$$

y además dicha inclusión es densa, i.e. $\overline{P}^{\|\cdot\|_{H_{per}^s}} = H_{per}^s, \ \forall s \in \mathbb{R}$.

Demostración.- En efecto, primero probaremos que $P \subset H_{per}^s$, pues esto implica $\overline{P}^{\|\cdot\|_{H_{per}^s}} \subset H_{per}^s$.

Recordemos que $P \subset P'$, vía $T_u \equiv u$, donde $< Tu, \phi >= \int_{-\pi}^{\pi} \phi(x)u(x)dx, \ \forall \phi \in P$. También en P vale:

$$u = \sum_{k=-\infty}^{\infty} \widehat{u}(k)e^{ikx}.$$

Así, para $u \in P$ valen las siguientes igualdades:

$$u' = \sum_{k=-\infty}^{\infty} \widehat{u'}(k)e^{ikx} = \sum_{k=-\infty}^{\infty} ik\widehat{u}(k)e^{ikx}$$

$$u'' = \sum_{k=-\infty}^{\infty} \widehat{u''}(k)e^{ikx} = \sum_{k=-\infty}^{\infty} (-k^2)\widehat{u}(k)e^{ikx}$$

y así sucesivamente, se cumple para todas las derivadas de u, i.e.

$$u^{(j)} = \sum_{k=-\infty}^{\infty} \widehat{u^j}(k)e^{ikx} = \sum_{k=-\infty}^{\infty} (ik)^j)\widehat{u}(k)e^{ikx}.$$

Si $u \in P$ entonces vale la identidad de Parseval, y como las u^j también estan en P para $j = 1, 2, \ldots$, también vale la identidad de Parseval para estas funciones. Aplicamos esto a u y u' respectivamente:

$$\frac{1}{2\pi} \int_{-\pi}^{\pi} |u(x)|^2 = \sum_{k=-\infty}^{\infty} |\widehat{u}(k)|^2 < \infty, \qquad (2.7)$$

$$\frac{1}{2\pi} \int_{-\pi}^{\pi} |u'(x)|^2 = \sum_{k=-\infty}^{\infty} |\widehat{u'}(k)|^2 = \sum_{k=-\infty}^{\infty} k^2 |\widehat{u}(k)|^2 < \infty. \qquad (2.8)$$

Sumando (2.7) y (2.8) obtenemos

$$\frac{1}{2\pi} \int_{-\pi}^{\pi} \left\{ |u(x)|^2 + |u'(x)|^2 \right\} dx = \sum_{k=-\infty}^{\infty} (1 + k^2)|\widehat{u}(k)|^2 < \infty,$$

i.e. $u \in H^1_{per}$ y $u \in H^1([-\pi, \pi])$.

Obviamente de (2.7) tenemos que $u \in H^0_{per}$.

Así, por la Identidad de Parseval aplicado a u^j, para $j = 1, 2, \ldots$, tenemos

$$\frac{1}{2\pi} \int_{-\pi}^{\pi} |u^j(x)|^2 dx = \sum_{k=-\infty}^{\infty} |\widehat{u^j}(k)|^2 = \sum_{k=-\infty}^{\infty} k^{2j} |\widehat{u}(k)|^2 < \infty. \qquad (2.9)$$

Usando la Fórmula del binomio de Newton, para $s \in Z^+$ obtenemos $(1 + |k|^2)^s = \sum_{j=0}^{s} C_j |k|^{2j}$, donde

$$C_j = \binom{s}{j} = \frac{1}{j!} \sum_{t=0}^{j-1} (s - t) = \frac{s!}{j!(s-j)!}$$

y la afirmación (2.9) obtenemos

$$\sum_{k=-\infty}^{\infty} (1 + |k|^2)^s |\widehat{u}(k)|^2 < \infty,$$

i.e. $u \in H^s_{per}$ para $s \in Z^+$.

Para el caso $s \in \mathbb{R}^+$, sabemos que existe $m \in Z^+$ tal que $s \leq m$ y vale $(1 + |k|^2)^s \leq (1 + |k|^2)^m$, luego

$$\sum_{k=-\infty}^{\infty} (1 + |k|^2)^s |\widehat{u}(k)|^2 \leq \sum_{k=-\infty}^{\infty} (1 + |k|^2)^m |\widehat{u}(k)|^2 < \infty,$$

i.e. $u \in H_{per}^s$ para $s \in \mathbb{R}^+$.

Para $s \in \mathbb{R}^-$ tenemos $s = -r$, con $r \in \mathbb{R}^+$ y vale $1 \leq (1 + |k|^2)$, de donde $1 \leq (1 + |k|^2)^r$, esto es

$$(1 + |k|^2)^s = \frac{1}{(1 + |k|^2)^r} \leq 1$$

y usando (2.7) obtenemos

$$\sum_{k=-\infty}^{\infty} (1 + |k|^2)^s |\widehat{u}(k)|^2 \leq \sum_{k=\infty}^{\infty} |\widehat{u}(k)|^2 < \infty,$$

i.e. $u \in H_{per}^s$ para $s \in \mathbb{R}^-$. Así, hemos probado que $P \subset H_{per}^s$, $\forall s \in \mathbb{R}$.

Observe también que puede usar la versión generalizada del binomio de Newton.

Ahora probaremos que $H_{per}^s \subseteq \overline{P}^{\|\cdot\|_{H_{per}^s}}$. Para esto, sea $g \in H_{per}^s$, definimos α_n tal que

$$\alpha_n(k) = \begin{cases} \widehat{g}(k) & \text{si } |k| \leq n \\ 0 & \text{si } |k| > n. \end{cases}$$

Afirmamos que $\alpha_n \in S(Z)$. En efecto, para n fijo tenemos que

$$\sum_{k=-\infty}^{\infty} |k|^j |\alpha_n(k)| = \sum_{k=-n}^{n} |k|^j |\widehat{g}(k)| < \infty, \ \forall j.$$

Luego, $g_n := \alpha_n^{\vee} = \sum_{k=-\infty}^{\infty} \alpha_n(k) e^{ikx}$ con $g_n \in P$ y $\widehat{g_n} = \alpha_n$.

Además, se verifica

$$\begin{aligned} \|g_n - g\|_s^2 &= 2\pi \sum_{k=-\infty}^{\infty} (1 + |k|^2)^s |\widehat{g_n}(k) - \widehat{g}(k)|^2 \\ &= 2\pi \sum_{|k|>n} (1 + |k|^2)^s |\widehat{g}(k)|^2 \longrightarrow 0 \end{aligned}$$

cuando $n \to +\infty$, pues $g \in H_{per}^s$. Esto es, $\exists g_n \in P$ tal que $\|g_n - g\|_s \longrightarrow 0$ cuando $n \to +\infty$, i.e. $g \in \overline{P}^{\|\cdot\|_s}$.

$\square$

Proposición 2.7 *Sea $s, r \in \mathbb{R}$ tal que $s \geq r$ entonces $H_{per}^s \subset H_{per}^r$. i.e. H_{per}^s está inmerso continuamente y densamente en H_{per}^r y vale*

$$\|f\|_r \leq \|f\|_s, \ \forall f \in H_{per}^s.$$

En particular, tenemos que si $s \geq 0$, entonces

$$H_{per}^s \subset L^2([-\pi, \pi]).$$

Además , vale la identificación "isométricamente isomorfo"

$$(H_{per}^s)' \equiv H_{per}^{-s}, \quad \forall s \in \mathbb{R},$$

donde la dualidad es implementada por el par

$$< f, g >_* = 2\pi \sum_{k=-\infty}^{\infty} \widehat{f}(k)\widehat{g}(k), \quad \forall f \in H_{per}^{-s}, g \in H_{per}^s. \tag{2.10}$$

Demostración.- Como $1 \leq (1 + |k|^2)$ entonces $(1 + |k|^2)^r \leq (1 + |k|^2)^s$ si $r \leq s$. Así, se satisface

$$0 \leq \frac{(1 + |k|^2)^r}{(1 + |k|^2)^s} \leq 1 \text{ si } r \leq s. \tag{2.11}$$

Usando (2.11) tenemos

$$\sum_{k=-\infty}^{\infty} (1 + |k|^2)^r |\widehat{f}(k)|^2 = \sum_{k=-\infty}^{\infty} \underbrace{\frac{(1 + |k|^2)^r}{(1 + |k|^2)^s}}_{\leq 1}(1 + |k|^2)^s |\widehat{f}(k)|^2$$

$$\leq \sum_{k=-\infty}^{\infty} (1 + |k|^2)^s |\widehat{f}(k)|^2 < \infty \tag{2.12}$$

siempre que $f \in H_{per}^s$. Multiplicando por 2π a ambos lados de la desigualdad (2.12) obtenemos que $f \in H_{per}^r$ si $f \in H_{per}^s$ (i.e. $H_{per}^s \subset H_{per}^r$) y además

$$\|f\|_r \leq \|f\|_s.$$

Con esto se ha probado la inclusión continua.

A seguir probaremos que la inclusión es densa, i.e. $\overline{H_{per}^s}^{\|\cdot\|_r} = H_{per}^r$. En efecto, basta mostrar $H_{per}^r \subset \overline{H_{per}^s}^{\|\cdot\|_r}$.

Sea $g \in H_{per}^r$ entonces usando la densidad de P en H_{per}^r tenemos que existe $g_n \in P$ tal que $g_n \to g$ en H_{per}^r. Como también $P \subset H_{per}^s$, entonces $g_n \in H_{per}^s$ y $g_n \to g$ en la norma $\| \cdot \|_r$ entonces $g \in \overline{H_{per}^s}^{\|\cdot\|_r}$.

Si $f \in H_{per}^{-s}$ la igualdad (2.10) nos permite definir L_f como: $L_f(g) = < f, g >_*$, $\forall g \in H_{per}^s$. Esta L_f es un funcional lineal continuo en H_{per}^s. Esto es, L_f es lineal con $\|L_f\| \leq \|f\|_{-s}$, i.e. $L_f \in (H_{per}^s)'$.

Sea $\psi \in (H_{per}^s)'$, utilizando el Teorema de Representación de Riesz tenemos que $\exists! \phi \in H_{per}^s$ tal que

$$\|\phi\|_s = \|\psi\|, \tag{2.13}$$

y

$$< \psi, g > \; = \; < g, \phi >_s , \quad \forall g \in H_{per}^s . \tag{2.14}$$

Así, de (2.14) tenemos

$$\begin{aligned}
< \psi, g > \; &= \; < g, \phi >_s \\
&= \; 2\pi \sum_{k=-\infty}^{\infty} (1 + |k|^2)^s \widehat{g}(k) \overline{\widehat{\phi}(k)} \\
&= \; 2\pi \sum_{k=-\infty}^{\infty} \widehat{g}(k)(1 + |k|^2)^s \overline{\widehat{\phi}(k)} \\
&= \; 2\pi \sum_{k=-\infty}^{\infty} \widehat{g}(k) \overline{(1 + |k|^2)^s \widehat{\phi}(k)} .
\end{aligned} \tag{2.15}$$

Sabemos que $\phi \in H_{per}^s$ entonces

$$\left((1 + |k|^2)^{\frac{s}{2}} \widehat{\phi}(k) \right)_{k \in Z} \in l^2 . \tag{2.16}$$

Si definimos

$$\widehat{f}(k) := \overline{(1 + |k|^2)^s \widehat{\phi}(k)} , \quad \forall k \in Z , \tag{2.17}$$

tenemos que $f \in H_{per}^{-s}$. En efecto, de la definición (2.17) de $\widehat{f}(k)$ y (2.16) tenemos

$$\begin{aligned}
\sum_{k=-\infty}^{\infty} (1 + |k|^2)^{-s} |\widehat{f}(k)|^2 \; &= \; \sum_{k=-\infty}^{\infty} (1 + |k|^2)^{-s} |\overline{(1 + |k|^2)^s \widehat{\phi}(k)}|^2 \\
&= \; \sum_{k=-\infty}^{\infty} (1 + |k|^2)^s |\widehat{\phi}(k)|^2 < \infty .
\end{aligned} \tag{2.18}$$

De (2.15) tenemos que existe $f \in H_{per}^{-s}$ tal que

$$\begin{aligned}
< \psi, g > \; &= \; 2\pi \sum_{k=-\infty}^{\infty} \widehat{g}(k) \widehat{f}(k) \\
&= \; < f, g >_* , \quad \forall g \in H_{per}^s .
\end{aligned} \tag{2.19}$$

De (2.18) y (2.13) tenemos que

$$\begin{aligned}
\|f\|_{-s}^2 \; &= \; \|\phi\|_s^2 \\
&= \; \|\psi\|^2 ,
\end{aligned}$$

de donde concluimos que $\|f\|_{-s} = \|\psi\|$. Esto es $(H_{per}^s)'$ es isométricamente isomorfo a H_{per}^{-s}.

$\square$

2.5. Caracterización de H_{per}^m, $m \in I\!N$

Proposición 2.8 (Caracterización de H_{per}^m, con $m \in I\!N$) *Sea $m \in I\!N$ entonces*

$$f \in H_{per}^m \ \ sii \ \ \partial^j f = f^j \in L_{per}^2 \,, \quad \forall j \in \{0, 1, \ldots, m\} \,,$$

donde la derivada es tomada en el sentido de P' y $f^0 = f$.
Además, las normas $\| \cdot \|_m$ y $\|| \cdot \||_m$ son equivalentes, i.e. existen constantes positivas A_m y B_m tal que $A_m \|f\|_m \leq \|| f \||_m \leq B_m \|f\|_m$, $\forall f \in H_{per}^m$, donde

$$\|| f \||_m := \left[\sum_{j=0}^m \| \partial^j f \|_{L^2}^2 \right]^{\frac{1}{2}} .$$

Demostración.- Sea $f \in H_{per}^m$, entonces

$$\left((1 + |k|^2)^{\frac{m}{2}} \widehat{f}(k) \right)_{k \in Z} \in l^2 \,. \tag{2.20}$$

Por otro lado, observamos que

$$|(ik)^j \widehat{f}(k)| = |ik|^j |\widehat{f}(k)| \leq (1 + |k|^2)^{\frac{m}{2}} |\widehat{f}(k)| \,, \ \text{para } j = 0, 1, \ldots, m \,. \tag{2.21}$$

En efecto,

$$\begin{aligned}
1 \ &\leq \ (1 + |k|^2)^{\frac{m}{2}} \\
|k| \ &\leq \ (1 + |k|^2)^{\frac{1}{2}} \leq [(1 + |k|^2)^{\frac{1}{2}}]^m \\
|k|^j \ &\leq \ [(1 + |k|^2)^{\frac{1}{2}}]^j \leq [(1 + |k|^2)^{\frac{1}{2}}]^m \,,
\end{aligned}$$

para $j = 0, 1, \ldots, m$.
Luego, de (2.20) y (2.21) tenemos que $\left((ik)^j \widehat{f}(k) \right)_{k \in Z} \in l^2$ para $j = 0, 1, \ldots, m$.
Como $|\widehat{f^j}(k)| = |(ik)^j \widehat{f}(k)|$ para $j = 0, 1, \ldots, m$, entonces $\left(\widehat{f^j}(k) \right)_{k \in Z} \in l^2$ para $j = 0, 1 \ldots, m$ y por lo tanto $f^j \in L^2([-\pi, \pi])$ para $j = 0, 1, \ldots, m$ y así la Identidad de Parseval y (2.21) nos permite realizar la siguiente estimativa

$$\begin{aligned}
\|| f \||_m^2 \ &:= \ \sum_{j=0}^m \| f^j \|_{L^2}^2 \\
&= \ 2\pi \sum_{j=0}^m \| \widehat{f^j} \|_{l^2}^2
\end{aligned}$$

$$\begin{aligned}
&= 2\pi \sum_{j=0}^{m} \|(ik)^j \widehat{f}\|_{l^2}^2 \\
&= 2\pi \sum_{j=0}^{m} \sum_{k=-\infty}^{\infty} |(ik)^j \widehat{f}(k)|^2 \\
&\leq 2\pi \sum_{j=0}^{m} \sum_{k=-\infty}^{\infty} (1+|k|^2)^m |\widehat{f}(k)|^2 \\
&= \sum_{j=0}^{m} \|f\|_m^2 \\
&= (m+1)\|f\|_m^2 \tag{2.22}
\end{aligned}$$

i.e. $\|\|f\|\|_m \leq \sqrt{m+1}\|f\|_m$.

Recíprocamente, si $f^j \in L^2([-\pi,\pi]) \; \forall j = 0, 1, \ldots m$, entonces $\widehat{f^j} \in l^2$, i.e.

$$\left((ik)^j \widehat{f}(k) \right)_{k \in Z} \in l^2 \, .$$

Ahora, recordemos que $|i^j| = 1$ y que $(1+|ik|^2)^m = \sum_{j=0}^{m} c_j |ik|^{2j}$ con $c_j = \begin{pmatrix} m \\ j \end{pmatrix}$.
Así, usando esto y la Identidad de Parseval obtenemos

$$\begin{aligned}
\|f\|_m^2 &= 2\pi \sum_{k=-\infty}^{\infty} (1+|k|^2)^m |\widehat{f}(k)|^2 \\
&= 2\pi \sum_{k=-\infty}^{\infty} \left(\sum_{j=0}^{m} c_j |ik|^{2j} \right) |\widehat{f}(k)|^2 \\
&= 2\pi \sum_{j=0}^{m} c_j \left(\sum_{j=-\infty}^{\infty} |(ik)^j \widehat{f}(k)|^2 \right) \\
&= 2\pi \sum_{j=0}^{m} c_j \|\widehat{f^j}\|_{l^2}^2 \\
&= \sum_{j=0}^{m} c_j \|f^j\|_{L^2}^2 \\
&\leq \left(\max_{j \in \{0,\ldots,m\}} c_j \right) \|\|f\|\|_m^2 < \infty \, .
\end{aligned}$$

Es decir, $\|f\|_m \leq \sqrt{\max_{j \in \{0,\ldots,m\}} c_j} \, \|\|f\|\|_m$ o mejor aún

$$\left(\frac{1}{\sqrt{\max_{j \in \{0,\ldots,m\}} c_j}} \right) \|f\|_m \leq \|\|f\|\|_m \, .$$

$\square$

2.6. Lema de Inmersión de Sobolev

El siguiente lema es usado fundamentalmente en el estudio de ecuaciones de evolución no lineal.

Teorema 2.1 *Si $s > \frac{1}{2}$ entonces se verifican*

1. *La serie de Fourier de $f \in H^s_{per}$ converge absoluta y uniformemente en $[-\pi, \pi]$, i.e. la serie de Fourier de f*

$$\sum_{k=-\infty}^{\infty} \widehat{f}(k)e^{ikx}$$

   converge absolutamente y uniformemente en $[-\pi, \pi]$.

2. *Lema de Inmersión de Sobolev: $H^s_{per} \subset C_{per}$ con inclusión continua, i.e. a $f \in H^s_{per}$ le hace corresponder la función $g \in C_{per}$, donde $g(x) = \sum_{k=-\infty}^{\infty} \widehat{f}(k)e^{ikx}$ y satisface $\widehat{f} \in l^1(Z)$ y*

$$\|g\|_\infty \leq \|\widehat{f}\|_{l^1} \leq C_s\|f\|_s\,, \ \forall f \in H^s_{per}\,, \tag{2.23}$$

   donde

$$C_s = \frac{1}{\sqrt{2\pi}} \left[\sum_{k=-\infty}^{\infty} (1 + |k|^2)^{-s} \right]^{\frac{1}{2}}.$$

Demostración.- Recordemos previamente que si $s > \frac{1}{2}$ entonces

$$\left[\sum_{k=-\infty}^{\infty} (1 + |k|^2)^{-s} \right]^{\frac{1}{2}} < \infty. \tag{2.24}$$

Desde que $s > \frac{1}{2}$ usamos (2.24) y la desigualdad de Cauchy-Schwarz para conseguir

$$
\begin{aligned}
\sum_{k=-\infty}^{\infty} |\widehat{f}(k)| &= \sum_{k=-\infty}^{\infty} \frac{(1 + |k|^2)^{\frac{s}{2}}|\widehat{f}(k)|}{(1 + |k|^2)^{\frac{s}{2}}} \\
&\leq \left[\sum_{k=-\infty}^{\infty} (1 + |k|^2)^s |\widehat{f}(k)|^2 \right]^{\frac{1}{2}} \left[\sum_{k=-\infty}^{\infty} (1 + |k|^2)^{-s} \right]^{\frac{1}{2}} \\
&= \frac{1}{\sqrt{2\pi}} \|f\|_s \left[\sum_{k=-\infty}^{\infty} (1 + |k|^2)^{-s} \right]^{\frac{1}{2}} < \infty.
\end{aligned}
\tag{2.25}
$$

Así, $\left(\widehat{f}(k)\right)_{k\in Z} \in l^1$ y además debido al M-test de Wierstrass tenemos que la serie de Fourier de f

$$\sum_{k=-\infty}^{\infty} \widehat{f}(k)e^{ikx}$$

converge absolutamente y uniformemente en $[-\pi, \pi]$. Así, si definimos

$$g(x) := \sum_{k=-\infty}^{\infty} \widehat{f}(k)e^{ikx},$$

tenemos que $g \in C_{per}([-\pi, \pi])$.

Afirmamos que $f = g$ en P'. En efecto,

$$
\begin{aligned}
<g,\phi> &= \int_{-\pi}^{\pi} g(x)\phi(x)dx \\
&= \int_{-\pi}^{\pi} \sum_{k=-\infty}^{\infty} \widehat{f}(k)e^{ikx}\phi(x)dx \\
&= \sum_{k=-\infty}^{\infty} \widehat{f}(k) \int_{-\pi}^{\pi} e^{ikx}\phi(x)dx \\
&= 2\pi \sum_{k=-\infty}^{\infty} \widehat{f}(k)\widehat{\phi}(-k) \\
&= <f,\phi>, \forall \phi \in P,
\end{aligned}
$$

donde hemos usado la Generalización de la Identidad de Parseval. En conclusión, $f = g$ en P'.

De (2.25) conseguimos

$$|g(x)| \le \sum_{k=-\infty}^{\infty} |\widehat{f}(k)| \le \frac{1}{\sqrt{2\pi}}\|f\|_s \left[\sum_{k=-\infty}^{\infty} (1+|k|^2)^{-s}\right]^{\frac{1}{2}}, \ \forall x \in [-\pi, \pi].$$

Tomando supremo obtenemos $\widehat{f} \in l^1(Z)$ y

$$\|g\|_\infty \le \|\widehat{f}\|_{l^1} \le \underbrace{\frac{1}{\sqrt{2\pi}}\left[\sum_{k=-\infty}^{\infty} (1+|k|^2)^{-s}\right]^{\frac{1}{2}}}_{C_s:=} \|f\|_s. \tag{2.26}$$

La continuidad de la aplicación : $f \in H^s_{per} \mapsto g \in C_{per}$, es consecuencia de (2.26).
$\square$

2.7. Convolución de sucesiones numéricas. La desigualdad de Young

Definición 2.4 (Convolución de sucesiones numéricas) *Sean α y β sucesiones, la convolución de α y β es la sucesión $\alpha * \beta$ definida por*

$$(\alpha * \beta)_k = \sum_{j=-\infty}^{+\infty} \alpha_j \beta_{k-j} \ \text{ siempre que tenga sentido.}$$

Proposición 2.9 (Desigualdad de Young) *Sean $\alpha \in l^1$ y $\beta \in l^2$ entonces la convolución de α y β satisface: $\alpha * \beta \in l^2$ y*

$$\|\alpha * \beta\|_{l^2} \leq \|\alpha\|_{l^1} \|\beta\|_{l^2} \, .$$

En particular, para todo $\alpha \in l^1$ fijado, la aplicación L definida por

$$L : l^2 \longrightarrow l^2$$
$$\beta \longmapsto \alpha * \beta$$

es un operador lineal acotado de l^2 con cota: $\|L\| \leq \|\alpha\|_{l^1}$.

Demostración.- Tomando módulo a $(\alpha * \beta)_k$ y considerando $|\alpha_j| = |\alpha_j|^{\frac{1}{2}} |\alpha_j|^{\frac{1}{2}}$ e inmediatamente aplicando la desigualdad de Cauchy-Schwartz, se consigue para todo $k \in Z$:

$$
\begin{aligned}
|(\alpha * \beta)_k| &\leq \sum_{j=-\infty}^{+\infty} |\alpha_j \beta_{k-j}| \\
&= \sum_{j=-\infty}^{+\infty} |\alpha_j|^{\frac{1}{2}} (|\alpha_j|^{\frac{1}{2}} |\beta_{k-j}|) \\
&\leq \left[\sum_{j=-\infty}^{+\infty} |\alpha_j| \right]^{\frac{1}{2}} \left[\sum_{j=-\infty}^{+\infty} |\alpha_j| |\beta_{k-j}|^2 \right]^{\frac{1}{2}} \\
&= \|\alpha\|_{l^1}^{\frac{1}{2}} \left[\sum_{j=-\infty}^{+\infty} |\alpha_j| |\beta_{k-j}|^2 \right]^{\frac{1}{2}} .
\end{aligned}
\tag{2.27}
$$

Elevando al cuadrado la desigualdada (2.27), sumando sobre k e intercambiando el orden de la suma obtenemos

$$\|\alpha * \beta\|_{l^2}^2 = \sum_{j=-\infty}^{+\infty} |(\alpha * \beta)_k|^2$$

$$\leq \ \|\alpha\|_{l^1} \sum_{k=-\infty}^{+\infty} \sum_{j=-\infty}^{+\infty} |\alpha_j||\beta_{k-j}|^2$$

$$= \ \|\alpha\|_{l^1} \sum_{j=-\infty}^{+\infty} |\alpha_j| \sum_{k=-\infty}^{+\infty} |\beta_{k-j}|^2$$

$$= \ \|\alpha\|_{l^1} \left(\sum_{j=-\infty}^{+\infty} |\alpha_j| \right) \sum_{m=-\infty}^{+\infty} |\beta_m|^2$$

$$= \ \|\alpha\|_{l^1}^2 \|\beta\|_{l^2}^2 \, .$$

$\square$

2.8. Acotaciones

Lema 2.1 *Sean a y $b \in [0, \infty)$ y $s \geq 0$. Entonces existen constantes positivas m_s y M_s dependiendo unicamente de s, tal que*

$$m_s(a^s + b^s) \leq (a+b)^s \leq M_s(a^s + b^s) \, . \tag{2.28}$$

Demostración.- Si $a = 0$, no hay nada que probar. Así, consideramos $a > 0$. Ahora, podemos observar que (2.28) es equivalente a

$$m_s \left(1 + \left(\frac{b}{a} \right)^s \right) \leq \left(1 + \frac{b}{a} \right)^s \leq M_s \left(1 + \left(\frac{b}{a} \right)^s \right) \, . \tag{2.29}$$

Así, es suficiente probar que existen m_s y M_s tal que

$$m_s \left(1 + r^s \right) \leq (1+r)^s \leq M_s \left(1 + r^s \right) \, , \ \ \forall r \in [0, \infty) \, . \tag{2.30}$$

Observamos que para todo r, $s \geq 0$, tenemos

$$1 \leq (1+r)^s \ \ \text{y} \ \ r^s \leq (1+r)^s \, ,$$

y sumando ambas desigualdades se consigue:

$$1 < 1 + r^s \leq 2(1+r)^s \, ,$$

i.e.

$$\underbrace{\frac{1}{2}}_{m_s :=} \leq \frac{(1+r)^s}{1+r^s} \, , \ \ \forall r, s \geq 0 \, . \tag{2.31}$$

Ahora, para $r > 1$, tenemos

$$(1 + r)^s \leq (r + r)^s = (2r)^s = 2^s r^s \leq 2^s (1 + r^s),$$

i.e.

$$\frac{(1 + r)^s}{1 + r^s} \leq 2^s, \ \forall r > 1. \tag{2.32}$$

Observamos que la función $F(r) := \frac{(1+r)^s}{1+r^s} > 0$ es continua en el compacto $[0, 1]$, luego ella alcanza máximo y mínimo en ese intervalo, i.e. $\exists r_i \in [0, 1]$ tal que

$$\begin{aligned}
0 < F(r_1) &= \min_{r \in [0,1]} F(r) \ \text{y} \\
0 < F(r_2) &= \max_{r \in [0,1]} F(r).
\end{aligned} \tag{2.33}$$

Observamos que F nunca se anula en $[0, 1]$, entonces $F(r_i) > 0$. Ahora, de (2.32) y (2.33), basta tomar el máximo entre 2^s y $F(r_2)$, es decir

$$F(r) = \frac{(1 + r)^s}{1 + r^s} \leq M_s := \max\{2^s, F(r_2)\}, \ \forall r \geq 0. \tag{2.34}$$

De (2.31) y (2.34) se concluye.

$\square$

2.9. H^s_{per} es un Álgebra de Banach para $s > \frac{1}{2}$

Introduciremos la siguiente operación en H^s_{per} cuando $s \in (\frac{1}{2}, \infty)$.

Definición 2.5 *Sea* $f, g \in H^s_{per}$ *con* $s > \frac{1}{2}$, *debido al Lema de inmersión de Sobolev podemos definir* **el producto de** f **con** g *por*

$$< f.g, \phi > = \int_{-\pi}^{\pi} f(x) g(x) \phi(x) \, dx, \ \forall \phi \in P.$$

Vemos que $f.g \in C_{per} \subset P'$ y probaremos que con este producto H^s_{per} es un Álgebra de Banach siempre que $s > \frac{1}{2}$.

Teorema 2.2 *Si* $s > \frac{1}{2}$ *entonces* H^s_{per} *es un Álgebra de Banach. En particular, existe una constante positiva* K_s *dependiendo unicamente de* s *tal que*

$$\|fg\|_s \leq K_s \|f\|_s \|g\|_s, \ \ \forall f, g \in H^s_{per}.$$

Demostración.- Como $s > \frac{1}{2}$, usando el Lema de Inmersión de Sobolev, obtenemos

$$
\begin{aligned}
\widehat{(fg)}(k) &= \frac{1}{2\pi} \int_{-\pi}^{\pi} f(x)g(x)e^{-ikx}dx \\
&= \frac{1}{2\pi} \int_{-\pi}^{\pi} \left(\sum_{j=-\infty}^{\infty} \widehat{f}(j)e^{ijx} \right) g(x)e^{-ikx}dx \\
&= \frac{1}{2\pi} \sum_{j=-\infty}^{\infty} \widehat{f}(j) \int_{-\pi}^{\pi} g(x)e^{-i(k-j)x}dx \\
&= \sum_{j=-\infty}^{\infty} \widehat{f}(j)\widehat{g}(k-j) \\
&= (\widehat{f} * \widehat{g})(k) \,.
\end{aligned}
\tag{2.35}
$$

Usando el Lema 2.1 con $a = 1$, $b = |k|^2$ y $\frac{s}{2}$, tenemos que

$$
(1 + |k|^2)^{\frac{s}{2}} \leq M_s(1 + |k|^s) \leq M_s(1 + |k-j|^s + |j|^s)\,, \quad \forall k,j \in Z\,,
\tag{2.36}
$$

donde M_s es una constante positiva. Por lo tanto

$$
\left| (1 + |k|^2)^{\frac{s}{2}} \sum_{j=-n}^{n} \widehat{f}(j)\widehat{g}(k-j) \right|
$$

$$
\leq (1 + |k|^2)^{\frac{s}{2}} \sum_{j=-n}^{n} |\widehat{f}(j)||\widehat{g}(k-j)|
$$

$$
\leq M_s \sum_{j=-n}^{n} [1 + |k-j|^s + |j|^s] \, |\widehat{f}(j)||\widehat{g}(k-j)|
$$

$$
= M_s \sum_{j=-n}^{n} \left\{ |\widehat{f}(j)||\widehat{g}(k-j)| + |\widehat{f}(j)||k-j|^s|\widehat{g}(k-j)| + |j|^s|\widehat{f}(j)||\widehat{g}(k-j)| \right\}
$$

$$
\begin{aligned}
= M_s \Bigg\{ &\sum_{j=-n}^{n} |\widehat{f}(j)||\widehat{g}(k-j)| + \sum_{j=-n}^{n} |\widehat{f}(j)||k-j|^s|\widehat{g}(k-j)| \\
&+ \sum_{j=-n}^{n} |j|^s|\widehat{f}(j)||\widehat{g}(k-j)| \Bigg\}
\end{aligned}
\tag{2.37}
$$

Como $|\cdot|$ es continua, tomando límite a (2.37) cuando $n \to +\infty$, obtenemos

$$
\left| (1 + |k|^2)^{\frac{s}{2}} \sum_{j=-\infty}^{+\infty} \widehat{f}(j)\widehat{g}(k-j) \right|
$$

$$
\leq M_s \left\{ \sum_{j=-\infty}^{+\infty} |\widehat{f}(j)||\widehat{g}(k-j)| + \sum_{j=-\infty}^{+\infty} |\widehat{f}(j)||k-j|^s|\widehat{g}(k-j)| \right.
$$

$$+ \sum_{j=-\infty}^{+\infty} |j|^s |\widehat{f}(j)| |\widehat{g}(k-j)| \bigg\}$$
$$= M_s \left\{ (F * G)(k) + (F * R)(k) + (S * G)(k) \right\},$$ (2.38)

donde

$$
\begin{aligned}
G(k) &= |\widehat{g}(k)|, \forall k \in Z, \\
F(k) &= |\widehat{f}(k)|, \forall k \in Z, \\
R(k) &= |k|^s |\widehat{g}(k)|, \forall k \in Z, \\
S(k) &= |k|^s |\widehat{f}(k)|, \forall k \in Z.
\end{aligned}
$$

Observamos que

$$
\begin{aligned}
\sum_{k=-\infty}^{\infty} |R_k|^2 = \sum_{k=-\infty}^{\infty} ||k|^s |\widehat{g}(k)||^2 &= \sum_{k=-\infty}^{\infty} |k|^{2s} |\widehat{g}(k)|^2 \\
&\leq \sum_{k=-\infty}^{\infty} (1 + |k|^2)^s |\widehat{g}(k)|^2 \\
&= \frac{1}{2\pi} \|g\|_s^2 < \infty,
\end{aligned}
$$

pues $g \in H_{per}^s$. Así,

$$R = (R_k)_{k \in Z} \in l^2(Z) \quad \text{y} \quad \|R\|_{l^2} \leq \frac{1}{\sqrt{2\pi}} \|g\|_s.$$ (2.39)

Análogamente, tenemos que

$$
\begin{aligned}
\sum_{k=-\infty}^{\infty} |S_k|^2 = \sum_{k=-\infty}^{\infty} ||k|^s |\widehat{f}(k)||^2 &= \sum_{k=-\infty}^{\infty} |k|^{2s} |\widehat{f}(k)|^2 \\
&\leq \sum_{k=-\infty}^{\infty} (1 + |k|^2)^s |\widehat{f}(k)|^2 \\
&= \frac{1}{2\pi} \|f\|_s^2 < \infty,
\end{aligned}
$$

pues $f \in H_{per}^s$. Así,

$$S = (S_k)_{k \in Z} \in l^2(Z) \quad \text{y} \quad \|S\|_{l^2} \leq \frac{1}{\sqrt{2\pi}} \|f\|_s.$$ (2.40)

Para $f, g \in H_{per}^s$, $s > \frac{1}{2}$, usando el Lema de inmersión de Sobolev, obtenemos:

$$F, \widehat{f} \in l^1(Z) \quad \text{y} \quad \|\widehat{f}\|_{l^1} \leq C_s \|f\|_s,$$ (2.41)

$$G, \widehat{g} \in l^1(Z) \quad \text{y} \quad \|\widehat{g}\|_{l^1} \leq C_s \|g\|_s.$$ (2.42)

Por otro lado, como $s > \frac{1}{2} > 0$ entonces $H^s_{per} \subset L^2([-\pi, \pi])$. Así, si $f \in H^s_{per}$ entonces $f \in L^2([-\pi, \pi])$. Luego, $\widehat{f} \in l^2(Z)$ y

$$\underbrace{|\widehat{f}|}_{=F} \in l^2(Z). \tag{2.43}$$

Análogamente, para $g \in H^s_{per}$ se obtiene $g \in L^2([-\pi, \pi])$. Luego, $\widehat{g} \in l^2(Z)$ y

$$\underbrace{|\widehat{g}|}_{=G} \in l^2(Z). \tag{2.44}$$

Como $F \in l^1(Z)$ y $G \in l^2(Z)$, usando la desigualdad de Young obtenemos

$$F * G \in l^2(Z) \quad y \quad \|F * G\|_{l^2} \leq \|F\|_{l^1} \|G\|_{l^2}. \tag{2.45}$$

Tambien, como $F \in l^1(Z)$ y $R \in l^2(Z)$, usando la desigualdad de Young obtenemos

$$F * R \in l^2(Z) \quad y \quad \|F * R\|_{l^2} \leq \|F\|_{l^1} \|R\|_{l^2}. \tag{2.46}$$

Como $S \in l^2(Z)$ y $G \in l^1(Z)$, usando la desigualdad de Young obtenemos

$$S * G \in l^2(Z) \quad y \quad \|F * G\|_{l^2} \leq \|S\|_{l^2} \|G\|_{l^1}. \tag{2.47}$$

De (2.45), (2.46) y (2.47) obtenemos

$$w := F * G + F * R + S * G \in l^2(Z). \tag{2.48}$$

Definiendo

$$u_k := (1 + k^2)^{\frac{s}{2}} \sum_{j=-\infty}^{+\infty} \widehat{f}(j)\widehat{g}(k - j), \ \forall k \in Z.$$

De (2.38) tenemos

$$|u_k| \leq M_s\, w(k), \ \ w(k) \geq 0, \ \forall k \in Z,$$

entonces

$$|u_k|^2 \leq M_s^2\, |w(k)|^2, \ \forall k \in Z.$$

Sumando, obtenemos

$$\sum_{k=-\infty}^{\infty} |u_k|^2 \leq M_s^2 \underbrace{\sum_{k=-\infty}^{\infty} |w(k)|^2}_{=\|w\|_{l^2}^2} < \infty,$$

pues $w \in l^2(Z)$.

Por lo tanto,

$$u = (u_k)_{k \in Z} \in l^2(Z) \quad \text{y} \quad \|u\|_{l^2} \le M_s \|w\|_{l^2}. \tag{2.49}$$

Usando (2.35) y (2.49) conseguimos

$$\begin{aligned}
\|fg\|_s^2 &= 2\pi \sum_{k=-\infty}^{\infty} (1+|k|^2)^s \left|\widehat{fg}(k)\right|^2 \\
&= 2\pi \sum_{k=-\infty}^{\infty} (1+|k|^2)^s \left|\sum_{j=-\infty}^{\infty} \widehat{f}(j)\widehat{g}(k-j)\right|^2 \\
&= 2\pi \|u\|_{l^2}^2 \\
&= 2\pi M_s^2 \|w\|_{l^2}^2.
\end{aligned}$$

i.e.

$$\|fg\|_s \le \sqrt{2\pi} M_s \|w\|_{l^2}. \tag{2.50}$$

Así, tenemos

$$\begin{aligned}
\|w\|_{l^2} &= \|F * G + F * R + S * G\|_{l^2} \\
&\le \|F * G\|_{l^2} + \|F * R\|_{l^2} + \|S * G\|_{l^2}.
\end{aligned} \tag{2.51}$$

Observamos que $1 \le (1+k^2)^s$ implica $|\widehat{g}(k)|^2 \le (1+k^2)^s|\widehat{g}(k)|^2$, y que sumando obtenemos

$$\sum_{k=-\infty}^{+\infty} |\widehat{g}(k)|^2 \le \sum_{k=-\infty}^{+\infty} (1+k^2)^s |\widehat{g}(k)|^2 < \infty,$$

desde que $g \in H_{per}^s$. Luego

$$\|\widehat{g}\|_{l^2} \le \frac{1}{2\pi} \|g\|_s, \tag{2.52}$$

De (2.45), (2.41), (2.44) y (2.52) obtenemos:

$$\begin{aligned}
\|F * G\|_{l^2} &\le \|F\|_{l^1} \|G\|_{l^2} \\
&= \|\widehat{f}\|_{l^1} \|\widehat{g}\|_{l^2} \\
&\le C_s \|f\|_s \frac{1}{\sqrt{2\pi}} \|g\|_s \\
&= \frac{1}{\sqrt{2\pi}} C_s \|f\|_s \|g\|_s.
\end{aligned} \tag{2.53}$$

De (2.46), (2.39) y (2.41) tenemos

$$
\begin{aligned}
\|F * R\|_{l^2} &\leq \|F\|_{l^1}\|R\|_{l^2} \\
&= \|\widehat{f}\|_{l^1}\frac{1}{\sqrt{2\pi}}\|g\|_s \\
&\leq C_s\|f\|_s\frac{1}{\sqrt{2\pi}}\|g\|_s \\
&= \frac{1}{\sqrt{2\pi}}C_s\|f\|_s\|g\|_s .
\end{aligned}
\tag{2.54}
$$

De (2.47), (2.40) y (2.42) obtenemos

$$
\begin{aligned}
\|S * G\|_{l^2} &\leq \|S\|_{l^2}\|G\|_{l^1} \\
&= \frac{1}{\sqrt{2\pi}}\|f\|_s\|\widehat{g}\|_{l^1} \\
&\leq \frac{1}{\sqrt{2\pi}}\|f\|_s C_s\|g\|_s \\
&= \frac{1}{\sqrt{2\pi}}C_s\|f\|_s\|g\|_s .
\end{aligned}
\tag{2.55}
$$

Usando (2.53), (2.54) y (2.55) en (2.51) tenemos

$$
\|w\|_{l^2} \leq \frac{3C_s}{\sqrt{2\pi}}\|f\|_s\|g\|_s .
\tag{2.56}
$$

Usando (2.56) en (2.50) conseguimos

$$
\|fg\|_s \leq \underbrace{3M_s C_s}_{K_s:=}\|f\|_s\|g\|_s .
$$

$\square$

2.10. Diagramas en P' y H^s_{per}

Finalmente, queremos resumir en dos diagramas, propiedades importantes de las distribuciones periódicas P' y de los espacios de Sobolev H^s_{per}, respectivamente. Esto es, las siguientes inclusiones son continuas con imagen densa

$$
\begin{array}{ccccc}
P & \hookrightarrow & L^2([-\pi,\pi]) & \hookrightarrow & P' \\[4pt]
\wedge \downarrow\uparrow \vee & & \wedge \downarrow\uparrow \vee & & \wedge \downarrow\uparrow \vee \\[4pt]
S(Z) & \hookrightarrow & l^2(Z) & \hookrightarrow & S'(Z)
\end{array}
$$

donde $S(Z)$ es el espacio de las sucesiones Rápidamente Decrecientes (R.D.), definido
por

$$S(Z) := \left\{ \alpha = (\alpha_k)_{k\in Z} \, , \; \alpha_k \in \mathbb{C} \; / \sum_{k=-\infty}^{+\infty} |\alpha_k| < \infty \; \text{y} \; \sum_{k=-\infty}^{+\infty} |\alpha_k||k|^n < \infty \, , \; \forall n \geq 1 \right\}$$

y $S'(Z)$ es el espacio de las sucesiones de Crecimiento Lento (C.L.), definido por

$$S'(Z) := \left\{ \alpha = (\alpha_k)_{k\in Z} \, , \; \alpha_k \in \mathbb{C} \; / \exists C > 0 \, , \exists N \in \mathbb{N} \; \text{con} \; |\alpha_k| \leq C|k|^N \, , \; \forall k \neq 0 \right\} .$$

También, cuando $s > 0$, las siguientes inclusiones son continuas con imagen densa

$$
\begin{array}{ccccc}
H_{per}^s & \hookrightarrow & H_{per}^0 = L^2([-\pi, \pi]) & \hookrightarrow & H_{per}^{-s} \\[4pt]
\wedge \downarrow\uparrow \vee & & \wedge \downarrow\uparrow \vee & & \wedge \downarrow\uparrow \vee \\[4pt]
l_s^2(Z) & \hookrightarrow & l^2(Z) & \hookrightarrow & l_{-s}^2
\end{array}
$$

Toda esta teoría la usamos en el análisis de existencia y dependencia continua de la
solución de una ecuación de evolución, realizando en el proceso una serie de cálculos
y aproximaciones.

Capítulo 3

Análisis de la existencia de solución de la Ecuación del Calor

Sea la ecuación del calor propuesto por Fourier (1807)

$$u_t - \alpha^2 u_{xx} = 0 \,. \tag{3.1}$$

Sabemos que la ecuación (3.1) es de tipo parabólica y de su importancia en las Ecuaciones Diferenciales Parciales. En la ecuación (3.1), α^2 es una constante conocida como el coeficiente de difusión térmica, en este trabajo consideraremos $\alpha^2 = 1$, y como dato inicial consideramos $u(0) = \phi \in H^s_{per}$, donde s es un número real y denotamos por H^s_{per} al espacio de Sobolev periódico de orden s. Dicha ecuación describe la distribución del calor (o variación de temperatura) en una región a través del tiempo.

La ecuación que estudiamos está asociada a fenómenos de difusión, como el flujo del calor en un medio conductivo, citamos Rubinstein (1998).

Sabemos que la ecuación del calor gobierna la difusión de partículas o la propagación del potencial de acción en células neuronales y que puede utilizarse para modelar algunos problemas en finanzas, como por ejemplo en los procesos de Black-Scholes o Ornstein-Uhlenbeck, citamos Shahjalal, Sultana, Valluri, Mitra and Khan (2015).

Sabemos también, que la ecuación de Burgers $u_t - u_{xx} + uu_x = 0$ se puede transformar en la ecuación del calor vía la transformación de Cole-Hopf, de ahí que se enfatiza el estudio de esta ecuación, para esto podemos citar Iorio (2002).

Así, citamos Iorio (2002), donde encontramos trabajos relacionados al modelo

(3.1) y Santiago and Rojas (2017) de donde nos motivamos siguiendo las ideas plasmadas ahí. Probaremos la existencia y unicidad de solución de (3.1), así como la dependencia continua de la solución respecto al dato inicial. Luego introduciremos una familia de operadores para reescribir nuestro resultado en una versión más elegante. Haremos análisis de diferenciabilidad versus dato inicial del problema y finalmente probaremos que el modelo no homogéneo de (3.1) está localmente bien colocado.

Nuestro trabajo está organizado como sigue. En la sección 3.1, probamos que el problema de Cauchy asociado a la ecuación del calor homogéneo está bien colocado. En la sección 3.2, introducimos una familia de operadores que forma un semigrupo de contracción y mejoramos el resultado. En la sección 3.3 hacemos el análisis de la diferenciabilidad de la solución versus dato inicial. En la sección 3.4, probamos que el problema de Cauchy asociado a la ecuación del calor no homogéneo posee solucion local. En la sección 3.5, obtenemos dependencia continua de la solución respecto al dato inicial y a la no homogeneidad. Finalmente, en la sección 3.6, damos las conclusiones de nuestro estudio.

3.1. Existencia de solución de la ecuación del Calor

Teorema 3.1 *Sea s un número real fijo y el problema*

$$(P_1) \quad \left| \begin{array}{l} u \in C([0, +\infty), H^s_{per}) \\ \partial_t u - \partial_x^2 u = 0 \in H^{s-2}_{per} \\ u(0) = \phi \in H^s_{per} \end{array} \right.$$

entonces (P_1) está globalmente bien colocado i.e. $\exists! u \in C([0, \infty), H^s_{per})$ satisfaciendo la ecuación (P_1) , de modo que la aplicación : $\phi \to u$, que asigna a cada dato inicial ϕ la solución u del PVI (P_1), es continua.
Además, $u \in C([0, \infty), H^s_{per}) \cap C^1([0, \infty), H^{s-2}_{per})$ y la solución u satisface la regularidad:

$$u(t) \in H^\infty, \ \forall t > 0$$

con $\|u(t)\|_r \le C\|\phi\|_s$, $\forall r \in I\!R$ y $t > 0$, donde

$$H^\infty := \bigcap_{r \in I\!R} H^r_{per}.$$

Demostración.- La prueba lo hacemos del siguiente modo.

1. Primero obtenemos el candidato a solución. Para conseguir ese candidato tomamos la transformada de Fourier a la ecuación

$$\partial_t u \;=\; \partial_x^2 u$$

y conseguimos

$$\partial_t \hat{u} \;=\; (ik)^2 \hat{u} \;=\; -k^2 \hat{u}\,,$$

que para cada $k \in Z$ es una EDO con dato inicial $\hat{u}(k,0) = \hat{\phi}(k)$.

Así, planteamos un sistema no acoplado de ecuaciones de primer orden homogéneas

$$(\Omega_k) \left|
\begin{array}{l}
\hat{u} \in C([0,+\infty), l_s^2(Z)) \\
\partial_t \hat{u}(k,t) = -k^2 \hat{u}(k,t) \\
\hat{u}(k,0) = \hat{\phi}(k) \text{ con } \widehat{\phi} \in l_s^2(Z)
\end{array}
\right.$$

$\forall k \in Z$, y conseguimos

$$\hat{u}(k,t) = e^{-k^2 t}\hat{\phi}(k)\,,$$

de donde obtenemos nuestro candidato a solución:

$$u(t) \;=\; \sum_{k=-\infty}^{\infty} \hat{u}(k,t)\phi_k \;=\; \sum_{k=-\infty}^{\infty} e^{-k^2 t}\hat{\phi}(k)\phi_k\,, \tag{3.2}$$

aquí estamos denotando $\phi_k(x) = e^{ikx}$.

2. En segundo lugar, probaremos que:

$$u(t) \in H_{per}^s \quad \text{y} \quad \|u(t)\|_s \leq \|\phi\|_s. \tag{3.3}$$

En efecto, sea $t > 0$, $\phi \in H_{per}^s$ y observando que $e^{-2k^2 t} < 1$, tenemos

$$
\begin{aligned}
\|u(t)\|_{H_{per}^s}^2 \;&=\; 2\pi \sum_{k=-\infty}^{+\infty} (1+k^2)^s |e^{-k^2 t}\hat{\phi}(k)|^2 \\
&=\; 2\pi \sum_{k=-\infty}^{+\infty} (1+k^2)^s |\hat{\phi}(k)|^2 e^{-2k^2 t} \\
&\leq\; 2\pi \sum_{k=-\infty}^{+\infty} (1+k^2)^s |\hat{\phi}(k)|^2 \;<\infty \\
&=\; \|\phi\|_{H_{per}^s}^2\,.
\end{aligned}
\tag{3.4}
$$

Obviamente también se cumple (3.3) para $t = 0$.

3. Ahora, probaremos que $u(\cdot)$ es continua en $[0, +\infty)$.

Sea $t' \in [0, \infty)$,

$$\|u(t) - u(t')\|^2_{H^s_{per}}$$
$$= 2\pi \sum_{k=-\infty}^{+\infty} (1 + k^2)^s |(e^{-k^2 t} - e^{-k^2 t'})\hat{\phi}(k)|^2$$
$$= 2\pi \sum_{k=-\infty}^{+\infty} (1 + k^2)^s |\hat{\phi}(k)|^2 \underbrace{|(e^{-k^2 t} - e^{-k^2 t'})|^2}_{H(t):=} .$$

$$(3.5)$$

Se observa que $\lim_{t \to t'} H(t) = 0$. Ahora, necesitamos de la convergencia uniforme de la serie para el intercambio de límites. Para esto, tomamos el k-ésimo término de la serie y lo mayoramos por una serie convergente, i.e.

$$I_{k,t} := 2\pi(1 + k^2)^s |\hat{\phi}(k)|^2 \underbrace{|(e^{-k^2 t} - e^{-k^2 t'})|^2} \leq 8\pi(1 + k^2)^s |\hat{\phi}(k)|^2,$$

donde hemos usado la desigualdad triangular (propiedad de la norma) y la desigualdad $e^{-\theta} \leq 1$ siempre que $\theta \geq 0$.

Así,

$$\sum_{k=-\infty}^{+\infty} I_{k,t} \leq 4\|\phi\|^2_{H^s_{per}} < \infty,$$

y usando el Teorema del M-Test de Weierstrass tenemos que la serie converge uniformemente. Luego está permitido el intercambio de límite, esto es

$$\lim_{t \to t'} \|u(t) - u(t')\|^2_{H^s_{per}} = \sum_{k=-\infty}^{+\infty} \lim_{t \to t'} I_{k,t} = 0$$

y de ahí concluimos

$$\lim_{t \to t'} \|u(t) - u(t')\|_{H^s_{per}} = 0 .$$

4. Probaremos que $\partial_t u = \partial_x^2 u$ en H^{s-2}_{per}, esto es,

$$\left\| \frac{u(t+h) - u(t)}{h} - \partial_x^2 u \right\|_{H^{s-2}_{per}} \longrightarrow 0 \quad \text{cuando } h \to 0 .$$

En efecto,

$$\left\| \frac{u(t+h) - u(t)}{h} - \partial_x^2 u \right\|^2_{H^{s-2}_{per}}$$

$$= 2\pi \sum_{k=-\infty}^{+\infty} (1+k^2)^{s-2} \left|\hat{\phi}(k)\right|^2 \left| \frac{e^{-k^2(t+h)} - e^{-k^2 t}}{h} - (ik)^2 e^{-k^2 t} \right|^2$$

$$= 2\pi \sum_{k=-\infty}^{+\infty} (1+k^2)^{s-2} \left|\hat{\phi}(k)\right|^2 \left| e^{-k^2 t} \cdot \underbrace{\left\{ \frac{e^{-k^2 h} - 1}{h} + k^2 \right\}}_{M(h):=} \right|^2 .$$

$$(3.6)$$

Usando la regla de L'Hospital tenemos que $M(h) \longrightarrow 0$ cuando $h \to 0$.

Ahora, necesitamos la convergencia uniforme de la serie para habilitar el intercambio de límites. Para ello procedemos mayorando el k-ésimo término de la serie. Previamente observamos para $h > 0$:

$$\frac{e^{-k^2 h} - 1}{h} \;=\; \int_0^h \frac{1}{h} \frac{\partial}{\partial s} \left\{ e^{-k^2 s} \right\} ds \;=\; \int_0^h \frac{1}{h} \left[-k^2\right] e^{-k^2 s} ds$$

y tomando norma tenemos

$$\left| \frac{e^{-k^2 h} - 1}{h} \right| \;\leq\; \frac{1}{h} k^2 \int_0^h \left| e^{-k^2 s} \right| \;\leq\; \frac{1}{h}|k|^2 \cdot h \;=\; |k|^2 . \qquad (3.7)$$

O también se puede proceder usando el Teorema del valor medio, aplicado a la función $f(t) = e^{-tk^2}$ en el intervalo $[0, h]$.

Usando la desigualdad (3.7) procedemos a mayorar $[M(h)]^2$ como sigue

$$[M(h)]^2 \;\leq\; \left\{ 2|k|^2 \right\}^2 \;\leq\; 4 \left\{ 1 + |k|^2 \right\}^2 . \qquad (3.8)$$

La desigualdad (3.8) también es válido para el caso $t = 0$, donde sólo usamos (3.7).

Ahora, pasamos a mayorar el k-ésimo término de la serie, donde usamos la estimativa (3.8),

$$\begin{aligned}
(1+k^2)^{s-2} \left|\hat{\phi}(k)\right|^2 e^{-2k^2 t} [M(h)]^2 \;&\leq\; (1+k^2)^{s-2} \left|\hat{\phi}(k)\right|^2 [M(h)]^2 \\
&\leq\; (1+k^2)^{s-2} \left|\hat{\phi}(k)\right|^2 4(1+|k|^2)^2 \\
&=\; 4(1+k^2)^s \left|\hat{\phi}(k)\right|^2
\end{aligned}$$

y también sabemos que la serie $2\pi \sum\limits_{k=-\infty}^{+\infty} (1+k^2)^s \left|\hat{\phi}(k)\right|^2 = \|\phi\|^2_{H^s_{per}} < \infty$ desde que $\phi \in H^s_{per}$. Usando el Teorema M-Test de Weierstrass tenemos que la serie (3.6) converge uniformemente y por lo tanto es posible intercambiar límites y obtener

$$\left\| \frac{u(t+h) - u(t)}{h} - \partial_x^2 u \right\|^2_{H^{s-2}_{per}} \longrightarrow 0 \quad \text{cuando } h \to 0,$$

y esto implica lo que se quería probar.

5. Probaremos la dependencia continua de la solución respecto a los datos iniciales, i.e. sean ϕ y $\widetilde{\phi}$ datos próximos en H^s_{per}, entonces sus correspondientes soluciones u y $\widetilde{u}$, respectivamente, también están próximos en el espacio solución.

Sea $t > 0$,

$$
\begin{aligned}
\|u(t) - \widetilde{u}(t)\|^2_{H^s_{per}} &= 2\pi \sum_{k=-\infty}^{+\infty} \left| e^{-k^2 t}(\widehat{\phi}(k) - \widehat{\widetilde{\phi}}(k)) \right|^2 (1+k^2)^s \\
&= 2\pi \sum_{k=-\infty}^{+\infty} \underbrace{e^{-2k^2 t}}_{\leq 1} \left| \widehat{\phi}(k) - \widehat{\widetilde{\phi}}(k) \right|^2 (1+k^2)^s \\
&\leq 2\pi \sum_{k=-\infty}^{+\infty} (1+k^2)^s \left| \widehat{\phi}(k) - \widehat{\widetilde{\phi}}(k) \right|^2 \\
&= \|\phi - \widetilde{\phi}\|^2_{H^s_{per}}.
\end{aligned}
$$

Tomando supremo sobre $(0, +\infty)$ tenemos

$$\sup_{t \in (0,+\infty)} \|u(t) - \widetilde{u}(t)\|_{H^s_{per}} \leq \|\phi - \widetilde{\phi}\|_{H^s_{per}}. \tag{3.9}$$

Así,

$$\sup_{t \in [0,+\infty)} \|u(t) - \widetilde{u}(t)\|_{H^s_{per}} = \|\phi - \widetilde{\phi}\|_{H^s_{per}}. \tag{3.10}$$

De aquí tenemos que si $\phi \to \widetilde{\phi}$ entonces $u \to \widetilde{u}$.

6. Unicidad de Solución.- La desigualdad (3.9) o igualdad (3.10) nos permitirá mostrar que la solución es única. En efecto, sea $\phi \in H^s_{per}$ y supongamos que existan u y $\widetilde{u}$ dos soluciones, entonces usando (3.9) o (3.10) tenemos,

$$\|u(t) - \widetilde{u}(t)\|_{H^s_{per}} \leq \sup_{t \in [0,+\infty)} \|u(t) - \widetilde{u}(t)\|_{H^s_{per}} = \|\phi - \phi\|_{H^s_{per}} = 0,$$

de donde concluimos que $u = \widetilde{u}$.

Así, el problema (P_1) está bien colocado y su única solución que depende continuamente del dato inicial es

$$u(x,t) = \sum_{k=-\infty}^{+\infty} e^{-k^2 t}\hat{\phi}(k)e^{ikx}\,.$$

7. Probaremos que $\partial_t u(\cdot)$ es continua en $[0,+\infty)$. En efecto, como $\partial_t u(t) = \partial_x^2 u(t)$ en H_{per}^{s-2} tenemos

$$\begin{aligned}
\|\partial_t u(t) - \partial_t u(t')\|_{H_{per}^{s-2}} &= \|\partial_x^2 u(t) - \partial_x^2 u(t')\|_{s-2}\\
&\leq \|u(t) - u(t')\|_s \to 0 \text{ cuando } t \to t'.
\end{aligned}$$

Luego $\partial_t u\cdot)$ es continua en t'.

Análogo, usando la inmersion $H_{per}^{s-2} \subset H_{per}^{r-2}$ para $r \leq s$, obtenemos

$$\begin{aligned}
\|\partial_t u(t) - \partial_t u(t')\|_{H_{per}^{r-2}} &= \|\partial_x^2 u(t) - \partial_x^2 u(t')\|_{r-2}\\
&\leq \|\partial_x^2 u(t) - \partial_x^2 u(t')\|_{s-2}\\
&\leq \|u(t) - u(t')\|_s \to 0 \text{ cuando } t \to t'.
\end{aligned}$$

8. Sea $t > 0$, para $r > s$ tenemos

$$\begin{aligned}
\|u(t)\|_r^2 &= 2\pi \sum_{k=-\infty}^{+\infty} (1+k^2)^r|\hat{\phi}(k)|^2|e^{-k^2 t}|^2\\
&= 2\pi \sum_{k=-\infty}^{+\infty} (1+k^2)^s|\hat{\phi}(k)|^2 \underbrace{e^{-2k^2 t}\cdot(1+k^2)^{r-s}}_{G(k,t):=}\\
&\leq C^* 2\pi \sum_{k=-\infty}^{+\infty} (1+k^2)^s|\hat{\phi}(k)|^2 < \infty\\
&= C^*\|\phi\|_s^2\,,
\end{aligned}$$

donde $|G(k,t)| \leq C^*$, $\forall k \in Z$, $t > 0$. Así,

$$u(t) \in H_{per}^r\,, \quad \forall r \in (s,+\infty)\,. \tag{3.11}$$

El caso $r = s$ ya lo hemos probado en el item 2.

9. Ahora, consideramos el caso $r < s$. Como $r < s$ entonces $H^s_{per} \subset H^r_{per}$ y desde que el dato inicial $\phi \in H^s_{per}$, entonces $\phi \in H^r_{per}$ y satisface

$$\|\phi\|_r \leq \|\phi\|_s. \tag{3.12}$$

De (3.3) y usando (3.12) tenemos que

$$\|u(t)\|_r^2 \leq \|\phi\|_r^2 \leq \|\phi\|_s^2 < \infty.$$

Es decir,
$$u(t) \in H^r_{per}, \forall r \in (-\infty, s). \tag{3.13}$$

Finalmente, de (3.11), (3.3) y (3.13) concluimos que para $t > 0$

$$u(t) \in H^r_{per}, \ \forall r \in \mathbb{R},$$

y existe $C := \max\{1, \sqrt{C^*}\}$ tal que $\|u(t)\|_r \leq C\|\phi\|_s \ \forall r \in \mathbb{R}$ y $\forall t > 0$.
$\square$

En consecuencia tenemos el siguiente resultado

Corolario 3.1 *La única solución de (P_1) es*

$$u(x,t) = \sum_{k=-\infty}^{+\infty} e^{-k^2 t} \hat{\phi}(k) e^{ikx}.$$

Corolario 3.2 *La solución u de la ecuación homogénea (P_1) satisface*

$$\|u(t)\|_s \ \leq \ \|\phi\|_s, \ \forall t > 0, \tag{3.14}$$
$$\|\partial_t u(t)\|_{s-2} \ \leq \ \|\phi\|_s, \ \forall t > 0. \tag{3.15}$$

Demostración.- De (3.3) obtenemos (3.14). Por otro lado, sabemos que en H^{s-2}_{per} se tiene $\partial_t u(t) = \partial_x^2 u(t)$, entonces $\|\partial_t u(t)\|_{s-2} = \|\partial_x^2 u(t)\|_{s-2} \leq \|u(t)\|_s \leq \|\phi\|_s$.
$\square$

3.2. Construcción del C_o-Semigrupo de contracción

Ahora, introduciremos una familia de operadores que verificaran las condiciones de ser un semigrupo de contracción de clase C_0.

Teorema 3.2 *Sea $s \in \mathbb{R}$ y la aplicación*

$$S : [0, +\infty) \quad \to \quad L(H^s_{per})$$
$$t \quad \to \quad S(t)$$

tal que $S(t) = e^{\partial_x^2 t}$, i.e. aplica $S(t)\phi = \{e^{-k^2 t}\hat{\phi}(k)\}^\vee$, $\forall \phi \in H^s_{per}$.
Entonces $\{S(t)\}_{t \geq 0}$ es un semigrupo de clase C_o de contracción en H^s_{per}.
Además, se verifican los siguientes enunciados:

1. *$S(\cdot)\phi \in C([0, \infty), H^s_{per})$.*

2. *La aplicación $\phi \to S(\cdot)\phi$ es continua y $\forall \varphi_1, \varphi_2 \in H^s_{per}$ se satisface:*

$$\|S(t)\varphi_1 - S(t)\varphi_2\|_{H^s_{per}} \leq \|\varphi_1 - \varphi_2\|_{H^s_{per}}, \ \forall t \geq 0,$$
$$\sup_{t>0} \|S(t)\varphi_1 - S(t)\varphi_2\|_{H^s_{per}} \leq \|\varphi_1 - \varphi_2\|_{H^s_{per}}.$$

3. *$S(t) \in L(H^s_{per}, H^r_{per}) \ \forall t > 0, \forall r \in \mathbb{R}$ y satisface:*

$$\|S(t)\phi\|_r \leq c\|\phi\|_s, \ \forall \phi \in H^s_{per}, \ \forall r \in \mathbb{R}, t > 0.$$

4. *En particular vale $\|S(t)\phi\|_s \leq \|\phi\|_s$ y además $\|\partial_t S(t)\phi\|_{s-2} \leq \|\phi\|_s$.*

Demostración.- Primero observamos que $S(0)\phi = \phi$, $\forall \phi \in H^s_{per}$, así $S(0) = I$. De la linealidad de la transformada de Fourier y de su inversa tenemos que $S(t)$ es lineal.

Si $\phi \in H^s_{per}$ probaremos que $S(t)\phi \in H^s_{per}$ y $\|S(t)\phi\|_s \leq \|\phi\|_s$, i.e. $\|S(t)\| \leq 1$. En efecto, análogo a (3.4) tenemos

$$\begin{aligned}
\|S(t)\phi\|^2_{H^s_{per}} &= 2\pi \sum_{k=-\infty}^{+\infty} (1+k^2)^s |e^{-k^2 t}\hat{\phi}(k)|^2 \\
&= 2\pi \sum_{k=-\infty}^{+\infty} (1+k^2)^s |\hat{\phi}(k)|^2 e^{-2k^2 t} \qquad (3.16) \\
&\leq 2\pi \sum_{k=-\infty}^{+\infty} (1+k^2)^s |\hat{\phi}(k)|^2 = \|\phi\|^2_{H^s_{per}} \ < \infty \ .
\end{aligned}$$

Luego, $S(t)\phi \in H^s_{per}$ y $\|S(t)\phi\|_s \le \|\phi\|_s$, es decir $S(t) \in L(H^s_{per})$ con $\|S(t)\| \le 1$.

Ahora probaremos que $S(t+r) = S(t) \circ S(r)$, $\forall t, r \ge 0$.

$$
\begin{aligned}
S(t+r)f(x) &= \sum_{k=-\infty}^{\infty} e^{-k^2(t+r)} \hat{f}(k) e^{ikx} \\
&= \sum_{k=-\infty}^{\infty} e^{-k^2 t} \underbrace{e^{-k^2 r} \hat{f}(k)}_{\hat{g}(k):=} e^{ikx} \\
&= S(t)g(x)
\end{aligned}
$$

donde g es tal que $\hat{g}(k) = e^{-k^2 r} \hat{f}(k)$, $\forall k \in Z$. Así,

$$
g(x) = \sum_{k=-\infty}^{\infty} e^{-k^2 r} \hat{f}(k) e^{ikx} = S(r)f(x) \,.
$$

Por lo tanto, $S(t+r)f = S(t) \circ S(r)f$, $\forall t, r \ge 0$.

Ahora probaremos la continuidad de $t \to S(t)\phi$, esto es

$$
\|S(t+h)\phi - S(t)\phi\|_{H^s_{per}} \to 0 \text{ cuando } h \to 0 \,. \tag{3.17}
$$

En efecto, usando el item 3 de la prueba del teorema anterior, tenemos

$$
\begin{aligned}
&\|S(t+h)\phi - S(t)\phi\|^2_{H^s_{per}} \\
&= 2\pi \sum_{k=-\infty}^{+\infty} (1+k^2)^s |(e^{-k^2(t+h)} - e^{-k^2 t})\hat{\phi}(k)|^2 \\
&= 2\pi \sum_{k=-\infty}^{+\infty} (1+k^2)^s |\hat{\phi}(k)|^2 \underbrace{|(e^{-k^2(t+h)} - e^{-k^2 t})|^2}_{H(t,h):=} \,. \tag{3.18}
\end{aligned}
$$

Observamos que $\lim_{h\to 0} H(t,h) = 0$.

Ahora, necesitamos de la convergencia uniforme de la serie para el intercambio de límites. Para eso, tomamos el k-ésimo término de la serie y lo mayoramos por una serie convergente, i.e.

$$
I_{k,t,h} := 2\pi(1+k^2)^s |\hat{\phi}(k)|^2 |(e^{-k^2(t+h)} - e^{-k^2 t})|^2 \le 8\pi(1+k^2)^s |\hat{\phi}(k)|^2 \,,
$$

donde hemos usado la desigualdad triangular (propiedad de la norma) y la desigualdad $e^{-\theta} \le 1$ siempre que $\theta \ge 0$.

Así,

$$
\sum_{k=-\infty}^{+\infty} I_{k,t,h} \le 4\|\phi\|^2_{H^s_{per}} < \infty \,, \tag{3.19}
$$

y usando el Teorema del M-Test de Weierstrass tenemos que la serie en (3.19) converge uniformemente. Luego está permitido el intercambio de límite, esto es,

$$\lim_{h \to 0} \|S(t+h)\phi - S(t)\phi\|^2_{H^s_{per}} = \sum_{k=-\infty}^{+\infty} \lim_{h \to 0} I_{k,t,h} = 0$$

y de ahí concluimos

$$\lim_{h \to 0} \|S(t+h)\phi - S(t)\phi\|_{H^s_{per}} = 0 \ .$$

Observación 3.1 *También se verifica*

$$\lim_{t \to 0^+} \|S(t)\phi - \phi\|_{H^s_{per}} = 0 \ .$$

Por lo tanto, $\{S(t)\}_{t \geq 0}$ es un semigrupo de clase C_o de Contracción en H^s_{per}.

Ahora, sean φ_1 y φ_2 datos próximos en H^s_{per}, entonces probaremos que sus correspondientes $S(\cdot)\varphi_1$ y $S(\cdot)\varphi_2$, respectivamente, también están próximos. Como $\{S(t)\}_{t \geq 0}$ es de contracción, para $t \geq 0$ tenemos

$$\|S(t)\varphi_1 - S(t)\varphi_2\|_{H^s_{per}} = \|S(t)[\varphi_1 - \varphi_2]\|_{H^s_{per}} \leq \|\varphi_1 - \varphi_2\|_{H^s_{per}} \ .$$

Tomando supremo sobre $(0, +\infty)$ tenemos

$$\sup_{t \in (0,+\infty)} \|S(t)\varphi_1 - S(t)\varphi_2\|_{H^s_{per}} \leq \|\varphi_1 - \varphi_2\|_{H^s_{per}} \ . \tag{3.20}$$

De aquí tenemos que si $\varphi_1 \to \varphi_2$ entonces $S(\cdot)\varphi_1 \to S(\cdot)\varphi_2$.

Usando la inmersion $H^s_{per} \subset H^r_{per}$, $\forall r \leq s$ y (3.16), obtenemos

$$\|S(t)\phi\|_r \leq \|S(t)\phi\|_s \leq \|\phi\|_s \ , \ \forall r \leq s \ .$$

Sabemos que en H^{s-2}_{per} vale

$$\partial_t S(t)\phi = \partial_x^2 S(t)\phi \ , \ \forall \phi \in H^s_{per} \ , \tag{3.21}$$

cuya prueba es análoga al item 4 de la prueba del Teorema 3.1.

Usando la igualdad (3.21) obtenemos:

$$\|\partial_t S(t)\phi\|_{s-2} \ = \ \|\partial_x^2 S(t)\phi\|_{s-2} \ \leq \ \|S(t)\phi\|_s \ \leq \ \|\phi\|_s \ .$$

$\square$

A seguir enunciamos el Teorema 3.1 en función del semigrupo $\{S(t)\}_{t \geq 0}$.

Teorema 3.3 *Sea* $s \in \mathbb{R}$ *y* $\{S(t)\}_{t \geq 0}$ *el semigrupo de clase* C_0 *del Teorema 3.2,* $S(\cdot)\phi$ *es la única solución de*

$$\left|\begin{array}{l} u \in C([0, \infty), H^s_{per}) \\ u_t = Au \ en \ H^{s-2}_{per} \\ u(0) = \phi \in H^s_{per} \end{array}\right.$$

en el sentido que

$$\lim_{h \to 0} \left\| \frac{S(t+h)\phi - S(t)\phi}{h} - AS(t)\phi \right\|_{H^{s-2}_{per}} = 0\,, \tag{3.22}$$

donde $A := \partial_x^2$, *y si* $\varphi_1 \sim \varphi_2$ *entonces* $S(\cdot)\varphi_1 \sim S(\cdot)\varphi_2$.

Además, $S(\cdot)\phi \in C([0, \infty), H^s_{per}) \cap C^1([0, \infty), H^{s-2}_{per})$ *y se satisface la siguiente regularidad: Si* $\phi \in H^s_{per}$ *entonces* $S(t)\phi \in H^\infty \ \forall t > 0$ *y existe una constante* $C > 0$ *tal que* $\|S(t)\phi\|_{H^r_{per}} \leq C\|\phi\|_{H^s_{per}} \ \forall t > 0 \ y \ \forall r \in \mathbb{R}$.

Demostración.- La prueba de (3.22) es análoga al del item 4 de la prueba del Teorema 3.1. Y la prueba del resto del enunciado también se sigue como la prueba del Teorema 3.1 y como consecuencia del Teorema 3.2.

$\square$

3.3. Análisis de la diferenciabilidad versus datos iniciales

Con la finalidad de incrementar y enriquecer nuestro estudio nuevamente buscaremos el espacio infinito dimensional donde ocurre la diferenciabilidad y su conexión con los datos iniciales.

Teorema 3.4 *Sea* $s \in \mathbb{R}$. *Si* $t > 0$ *y* u *es solución de* (P_1) *entonces* $\forall r \in \mathbb{R}$ *vale:*

$$\lim_{h \to 0} \left\| \frac{u(t+h) - u(t)}{h} - \partial_x^2 u(t) \right\|_r = 0\,.$$

Esto quiere decir que la diferenciabilidad se dá en H^r_{per}, $\forall r \in \mathbb{R}$, *i.e.* $\partial_t u(t) = \partial_x^2 u(t)$ *en* H^r_{per}, $\forall r \in \mathbb{R}$, $\forall t > 0$.

Demostración.- Sea $t > 0$, $\phi \in H^s_{per}$

$$\left\| \frac{u(t+h) - u(t)}{h} - \partial_x^2 u(t) \right\|_r^2$$

53

$$= 2\pi \sum_{k=-\infty}^{+\infty} (1+k^2)^r e^{-2k^2 t} \left| \frac{e^{-k^2 h} - 1}{h} + k^2 \right|^2 |\widehat{\phi}(k)|^2$$

$$= 2\pi \sum_{k=-\infty}^{+\infty} (1+k^2)^{r-s} e^{-2k^2 t} \underbrace{\left| \frac{e^{-k^2 h} - 1}{h} + k^2 \right|}_{M(h):=}^2 |\widehat{\phi}(k)|^2 (1+k^2)^s. \quad (3.23)$$

Usando L'Hospital tenemos que $M(h) \longrightarrow 0$ cuando $h \to 0$.

Ahora, necesitamos la convergencia uniforme de la serie para habilitar el intercambio de límites. Para ello procedemos mayorando el k-ésimo término de la serie (3.23). Previamente usando el Teorema del valor medio, aplicado a la función $f(t) = e^{-tk^2}$ en el intervalo $[0, h]$, obtenemos para $h > 0$:

$$\left| \frac{e^{-k^2 h} - 1}{h} \right| \leq \frac{1}{h} |k|^2 \cdot h = |k|^2. \quad (3.24)$$

Usando la desigualdad (3.24) procedemos a mayorar $[M(h)]^2$ como sigue

$$[M(h)]^2 \leq \left\{ 2|k|^2 \right\}^2 \leq 4 \left\{ 1 + |k|^2 \right\}^2. \quad (3.25)$$

Pasamos a mayorar el k-ésimo término de la serie, donde usamos la estimativa (3.25)

$$\begin{aligned}
I_{k,t,r} &:= (1+k^2)^{r-s} e^{-2k^2 t} \left| \hat{\phi}(k) \right|^2 [M(h)]^2 (1+k^2)^s \\
&\leq \underbrace{(1+k^2)^{r-s} 4k^4 e^{-2k^2 t}}_{\mathcal{G}(t,r):=} \left| \hat{\phi}(k) \right|^2 (1+|k|^2)^s
\end{aligned}$$

y como $|\mathcal{G}(t,r)| \leq C \ \forall (t,r) \in [\epsilon, +\infty) \times \mathbb{R}$, y $\forall k \in \mathbb{Z}$ donde ϵ es suficientemente pequeño, y por otro lado sabemos por hipótesis que la serie:

$$2\pi \sum_{k=-\infty}^{+\infty} (1+k^2)^s \left| \hat{\phi}(k) \right|^2 = \|\phi\|_{H_{per}^s}^2 < \infty$$

desde que $\phi \in H_{per}^s$. Así, usando el Teorema M-Test de Weierstrass tenemos que la serie (3.23) converge uniformemente y por lo tanto es posible intercambiar límites y obtener lo que se quería mostrar, i.e.

$$\left\| \frac{u(t+h) - u(t)}{h} - \partial_x^2 u(t) \right\|_{H_{per}^r}^2 \longrightarrow 0 \quad \text{cuando } h \to 0.$$

$\square$

Teorema 3.5 *Sea $s \in \mathbb{R}$. Si u es solución de (P_1), entonces*

$$\lim_{h \to 0^+} \left\| \frac{u(h) - \phi}{h} - \partial_x^2 u(0) \right\|_r = 0 \ , \quad \forall r \leq s - 2 .$$

Esto es, $\partial_{t^+} u(0) = \partial_x^2 u(0)$ en H_{per}^r, $\forall r \leq s - 2$.

Demostración.-

$$\left\| \frac{u(h) - u(0)}{h} - \partial_x^2 \phi \right\|_r^2$$

$$= 2\pi \sum_{k=-\infty}^{+\infty} (1 + k^2)^r \left| \underbrace{\frac{e^{-k^2 h} - 1}{h} + k^2}_{M(h):=} \right|^2 |\widehat{\phi}(k)|^2 . \tag{3.26}$$

Usando L'Hospital tenemos que $M(h) \longrightarrow 0$ cuando $h \to 0^+$.

Ahora, necesitamos la convergencia uniforme de la serie para habilitar el intercambio de límites. Para ello procedemos mayorando el k-ésimo término de la serie (3.26). Así, usando la estimativa (3.25) obtenemos

$$\begin{aligned}
I_{k,r} &:= (1 + k^2)^r \left| \hat{\phi}(k) \right|^2 [M(h)]^2 \\
&\leq (1 + k^2)^{r+2} 4 \left| \hat{\phi}(k) \right|^2 .
\end{aligned}$$

Por otro lado, como $\phi \in H_{per}^s$, tenemos que converge la serie:

$$2\pi \sum_{k=-\infty}^{+\infty} (1 + k^2)^s \left| \hat{\phi}(k) \right|^2 = \|\phi\|_{H_{per}^s}^2 < \infty .$$

Luego, usando la inmersion continua en los espacios de Sobolev periódico, i.e. $H_{per}^s \subset H_{per}^{r+2}$, para $r \leq s - 2$, obtenemos

$$8\pi \sum_{k=-\infty}^{+\infty} (1 + k^2)^{r+2} \left| \hat{\phi}(k) \right|^2 = 4\|\phi\|_{H_{per}^{r+2}}^2 \leq 4\|\phi\|_{H_{per}^s}^2 < \infty , \quad \forall r \leq s - 2 .$$

Así, usando el Teorema M-Test de Weierstrass tenemos que la serie (3.26) converge uniformemente y por lo tanto es posible intercambiar límites y obtener lo que se quería mostrar, i.e.

$$\left\| \frac{u(h) - u(0)}{h} - \partial_x^2 u(0) \right\|_{H_{per}^r}^2 \longrightarrow 0 \quad \text{cuando } h \to 0^+ .$$

$\square$

Teorema 3.6 *Sea $s \in \mathbb{R}$ y $\phi \in H^s_{per}$, son equivalentes los siguientes enunciados:*

1. *Existe $\lim_{h \to 0^+} \left(\frac{S(h)-1}{h} \right) \phi$ en $(H^s_{per}, \| \cdot \|_s)$.*

2. *$\phi \in H^{s+2}_{per}$.*

Demostración.- Supongamos que se tenga el item 1, entonces $A = \partial^2_x$ es el generador infinitesimal del semigrupo de contracción $\{S(t)\}_{t \geq 0}$. Así, $A\phi = \partial^2_x \phi \in H^s_{per}$, de ahí tenemos

$$(1 - \partial^2_x)\phi = \phi - \partial^2_x\phi \in H^s_{per} . \tag{3.27}$$

Usando la transformada de Fourier a (3.27) obtenemos

$$((1 + k^2)\widehat{\phi}(k))_{k \in Z} \in l^2_s , \tag{3.28}$$

de donde conseguimos

$$
\begin{aligned}
\|\phi\|^2_{s+2} &= 2\pi \sum_{k=-\infty}^{+\infty} (1 + k^2)^{s+2}|\widehat{\phi}(k)|^2 \\
&= 2\pi \sum_{k=-\infty}^{+\infty} (1 + k^2)^s|(1 + k^2)\widehat{\phi}(k)|^2 < \infty .
\end{aligned}
$$

Entonces, $\phi \in H^{s+2}_{per}$.

Recíprocamente, sea $\phi \in H^{s+2}_{per}$,

$$\left\| \frac{S(h)\phi - \phi}{h} - \partial^2_x\phi \right\|^2_s = 2\pi \sum_{k=-\infty}^{+\infty} (1 + k^2)^s \left| \underbrace{(\frac{e^{-hk^2} - 1}{h}) + k^2}_{M(h):=} \right|^2 |\widehat{\phi}(k)|^2 . \tag{3.29}$$

Usando la regla de L'Hospital tenemos que $M(h) \longrightarrow 0$ cuando $h \to 0^+$.

Ahora, necesitamos la convergencia uniforme de la serie para habilitar el intercambio de límites. Para ello procedemos mayorando el k-ésimo término de la serie. Previamente observamos para $h > 0$:

$$\frac{e^{-k^2h} - 1}{h} = \int_0^h \frac{1}{h}\frac{\partial}{\partial s}\left\{ e^{-k^2s} \right\} ds = \int_0^h \frac{1}{h}\left[-k^2 \right]e^{-k^2s} ds$$

y tomando norma tenemos

$$\left| \frac{e^{-k^2h} - 1}{h} \right| \leq \frac{1}{h}k^2 \int_0^h \left| e^{-k^2s} \right| ds \leq \frac{1}{h}|k|^2 \cdot h = |k|^2 . \tag{3.30}$$

O también se puede proceder usando el Teorema del valor medio, aplicado a la función $f(t) = e^{-tk^2}$ en el intervalo $[0, h]$.

Usando la desigualdad (3.30) procedemos a mayorar $[M(h)]^2$ como sigue

$$[M(h)]^2 \leq \left\{2|k|^2\right\}^2 \leq 4\left\{1 + |k|^2\right\}^2. \tag{3.31}$$

Pasamos a mayorar el k-ésimo término de la serie, donde se usa la estimativa (3.31)

$$(1 + k^2)^s \left|\hat{\phi}(k)\right|^2 [M(h)]^2 \leq (1 + k^2)^s \left|\hat{\phi}(k)\right|^2 4(1 + |k|^2)^2$$
$$= 4(1 + k^2)^{s+2} \left|\hat{\phi}(k)\right|^2$$

y sabemos que la serie $2\pi \sum_{k=-\infty}^{+\infty} (1 + k^2)^{s+2} \left|\hat{\phi}(k)\right|^2 = \|\phi\|_{H_{per}^{s+2}}^2 < \infty$ desde que $\phi \in H_{per}^{s+2}$. Usando el Teorema M-Test de Weierstrass tenemos que la serie (3.29) converge uniformemente y por lo tanto es posible intercambiar límites y obtener lo que se quería mostrar, i.e.

$$\left\|\frac{S(h)\phi - \phi}{h} - \partial_x^2\phi\right\|_{H_{per}^s}^2 \longrightarrow 0 \quad \text{cuando } h \to 0^+.$$

$\square$

3.4. Existencia de solución de la ecuación del Calor no homogénea

Teorema 3.7 *Sea $s \in \mathbb{R}$ fijado, $T > 0$, $F \in C([0, T], H_{per}^s)$, $\{S(t)\}_{t \geq 0}$ el semigrupo de contracción de clase C_0 definido en Teorema 3.2 y $u_p(t) := \int_0^t S(t - \tau)F(\tau)d\tau$. Entonces*

$$u_p \in C([0, T], H_{per}^s) \cap C^1([0, T], H_{per}^{s-2})$$

o mejor aún:

$$u_p \in C([0, T], H_{per}^r) \cap C^1([0, T], H_{per}^{r-2}), \ \forall r \leq s.$$

Consiguiendose obtener en H_{per}^{s-2}:

$$\partial_t u_p(t) = F(t) + \underbrace{\int_0^t \partial_t S(t - \tau)F(\tau)d\tau}_{=\partial_x^2 u_p(t)}$$

esto es, con respecto a la norma de H_{per}^{s-2}.

Mejor aún, $\partial_t u_p(t) = F(t) + \partial_x^2 u_p(t)$ con respecto a la norma de H_{per}^{r-2} , $\forall r \leq s$.
Así, $u_p(t)$ satisface

$$(P_{2,p}) \left| \begin{array}{l} u_p \in C([0,T], H_{per}^s) \cap C^1([0,T], H_{per}^{s-2}) \\ \partial_t u_p(t) - \partial_x^2 u_p(t) = F(t) \in H_{per}^{s-2} \\ u_p(0) = 0 \end{array} \right.$$

con la primera derivada calculada en la norma de H_{per}^{s-2} .

Demostración.- Probaremos que u_p es continua. En efecto, para $t < t'$ y $\tau \in (t, t')$,

$$\|u_p(t) - u_p(t')\|_s$$
$$= \left\| \int_0^t S(t-\tau)F(\tau)d\tau - \int_0^{t'} S(t'-\tau)F(\tau)d\tau \right\|_s$$
$$\leq \left\| \int_0^t \{S(t-\tau) - S(t'-\tau)\}F(\tau)d\tau \right\|_s + \left\| \int_t^{t'} S(t'-\tau)F(\tau)d\tau \right\|_s$$
$$\leq \int_0^t \|\{S(t-\tau) - S(t'-\tau)\}F(\tau)\|_s d\tau + \int_t^{t'} \|S(t'-\tau)F(\tau)\|_s d\tau . \quad (3.32)$$

Por otro lado, conseguimos:

$$\int_0^t \|\{S(t-\tau) - S(t'-\tau)\}F(\tau)\|_s d\tau < \epsilon \int_0^t d\tau = \epsilon t \leq \epsilon T , \qquad (3.33)$$

siempre que $|t - t'| < \delta$.
También, obtenemos:

$$\int_t^{t'} \|S(t'-\tau)F(\tau)\|_s d\tau \; < \; \int_t^{t'} \|F(\tau)\|_s d\tau$$
$$\leq \; \sup_{\tau \in [0,T]} \|F(\tau)\|_s \int_t^{t'} d\tau$$
$$\leq \; (t'-t) \sup_{\tau \in [0,T]} \|F(\tau)\|_{s-1} . \qquad (3.34)$$

Usando (3.33) y (3.34) en (3.32) obtenemos

$$\lim_{t \to t'} \|u_p(t) - u_p(t')\|_s = 0 .$$

Análogamente probamos que

$$\lim_{t \to t'} \|u_p(t) - u_p(t')\|_r = 0 , \; \forall r \leq s .$$

En segundo lugar, usando la versión generalizada al cálculo diferencial en espacios de Banach, obtenemos en H_{per}^{s-2} :

$$\partial_t u_p(t) = \underbrace{S(t-t)F(t)}_{=F(t)} - S(t-0)F(0)\cdot 0 + \int_0^t \partial_t S(t-\tau)F(\tau)d\tau$$

$$= F(t) + \int_0^t \partial_t S(t-\tau)F(\tau)d\tau = F(t) + \partial_x^2 u_p(t)\,.$$

Similarmente, vale

$$\partial_t u_p(t) = F(t) + \int_0^t \partial_t S(t-\tau)F(\tau)d\tau = F(t) + \partial_x^2 u_p(t)$$

en H_{per}^{r-2} , $\forall r \le s$.

Ahora, probaremos que $\partial_t u_p$ es continua. Para $t < t'$ y $\tau \in (t, t')$,

$$\begin{aligned}
\|\partial_t u_p(t) - \partial_t u_p(t')\|_{s-2} &= \|F(t) + \partial_x^2 u_p(t) - \{F(t') + \partial_x^2 u_p(t')\}\|_{s-2}\\
&\le \|F(t) - F(t')\|_{s-2} + \|\partial_x^2 u_p(t) - \partial_x^2 u_p(t')\|_{s-2}\\
&\le \|F(t) - F(t')\|_{s} + \|u_p(t) - u_p(t')\|_{s}\,. \quad\quad (3.35)
\end{aligned}$$

Usando la continuidad de F y u_p en (3.35) obtenemos que

$$\lim_{t\to t'} \|\partial_t u_p(t) - \partial_t u_p(t')\|_{s-2} = 0\,.$$

Análogamente, probamos que $\lim_{t\to t'} \|\partial_t u_p(t) - \partial_t u_p(t')\|_{r-2} = 0$, $\forall r \le s$.

Finalmente, hemos obtenido en H_{per}^{s-2} : $\partial_t u_p(t) = F(t) + \partial_x^2 u_p(t)$ y evidentemente $u_p(0) = 0$.

$\square$

Teorema 3.8 (Existencia de solución local) *Sea* $T > 0$, $s \in \mathbb{R}$ *fijado y* $F \in$ $C([0,T], H_{per}^s)$

$$(P_1^F)\left|\begin{array}{l} \partial_t u - \partial_x^2 u = F(t) \in H_{per}^{s-2}\\ u(0) = \phi \in H_{per}^s \end{array}\right.$$

entonces $\exists! u \in C([0,T], H_{per}^s) \cap C^1([0,T], H_{per}^{s-2})$ *solución de* (P_1^F). *Mejor aún,* $u \in$ $C([0,T], H_{per}^r) \cap C^1([0,T], H_{per}^{r-2})$, $\forall r \le s$.

Demostración.- La prueba lo haremos del siguiente modo.

1. Primero, obtenemos el candidato a solución. Para conseguir esto, aplicamos la transformada de Fourier a la ecuación no homogénea (P_1^F)

$$\partial_t u(t) - \partial_x^2 u(t) = F(t)$$

y tenemos

$$\partial_t \widehat{u}(k,t) = -k^2 \widehat{u}(k,t) + \widehat{F}(k,t)$$

que para cada $k \in Z$ es una EDO no homogénea con dato inicial $\widehat{u}(k,0) = \widehat{\phi}(k)$.
Así, planteamos un sistema no acoplado de ecuaciones de primer orden no homogéneo

$$(\Omega_k) \left|
\begin{array}{l}
\widehat{u} \in C([0,T], l_s^2(Z)) \\
\partial_t \widehat{u}(k,t) = -k^2 \widehat{u}(k,t) + \widehat{F}(k,t) \\
\widehat{u}(k,0) = \widehat{\phi}(k) \ \text{ con } \widehat{\phi} \in l_s^2(Z),
\end{array}
\right.$$

$\forall k \in Z$, que resolveremos a continuación.

Sea $k \neq 0$, multiplicando por el factor integrante $e^{k^2 t}$, a la ecuación diferencial de (Ω_k), obtenemos

$$\partial_t \{e^{k^2 t} \widehat{u}(k,t)\} = e^{k^2 t} \widehat{F}(k,t),$$

integrando de 0 a t, obtenemos

$$\int_0^t \partial_\tau \{e^{k^2 \tau} \widehat{u}(k,\tau)\} \, d\tau = \int_0^t e^{k^2 \tau} \widehat{F}(k,\tau) \, d\tau,$$

luego,

$$e^{k^2 t} \widehat{u}(k,t) - \widehat{u}(k,0) = \int_0^t e^{k^2 \tau} \widehat{F}(k,\tau) \, d\tau,$$

esto es,

$$\begin{aligned}
\widehat{u}(k,t) &= e^{-k^2 t} \widehat{\phi}(k) + e^{-k^2 t} \int_0^t e^{k^2 \tau} \widehat{F}(k,\tau) \, d\tau \\
&= e^{-k^2 t} \widehat{\phi}(k) + \int_0^t e^{-k^2 (t-\tau)} \widehat{F}(k,\tau) \, d\tau.
\end{aligned}$$

Si $k = 0$, la EDO no homogénea es:

$$\left|
\begin{array}{l}
\partial_t \widehat{u}(0,t) = \widehat{F}(0,t) \\
\widehat{u}(0,0) = \widehat{\phi}(0).
\end{array}
\right.$$

Integrando de 0 a t, obtenemos

$$\int_0^t \partial_\tau \widehat{u}(0,\tau) \, d\tau = \int_0^t \widehat{F}(0,\tau) \, d\tau$$

luego

$$\widehat{u}(0,t) - \widehat{u}(0,0) = \int_0^t \widehat{F}(0,\tau) \, d\tau,$$

esto es,

$$\widehat{u}(0,t) = \widehat{\phi}(0) + \int_0^t \widehat{F}(0,\tau)\,d\tau\,.$$

Finalmente,

$$\widehat{u}(k,t) = e^{-k^2 t}\widehat{\phi}(k) + \int_0^t e^{-k^2(t-\tau)}\widehat{F}(k,\tau)\,d\tau\,,\ \forall k \in Z\,.$$

El candidato a solución de (P_1^F) es

$$
\begin{aligned}
u(t) &= \sum_{k=-\infty}^{+\infty} \widehat{u}(k,t)\phi_k \\
&= \sum_{k=-\infty}^{+\infty} \left\{ e^{-k^2 t}\widehat{\phi}(k) + \int_0^t e^{-k^2(t-\tau)}\widehat{F}(k,\tau)\,d\tau \right\}\phi_k \\
&= \sum_{k=-\infty}^{+\infty} e^{-k^2 t}\widehat{\phi}(k)\,\phi_k + \sum_{k=-\infty}^{+\infty} \left\{ \int_0^t e^{-k^2(t-\tau)}\widehat{F}(k,\tau)\,d\tau \right\}\phi_k \\
&= \sum_{k=-\infty}^{+\infty} e^{-k^2 t}\widehat{\phi}(k)\,\phi_k + \int_0^t \sum_{k=-\infty}^{+\infty} e^{-k^2(t-\tau)}\widehat{F}(k,\tau)\,\phi_k\,d\tau \\
&= \underbrace{S(t)\phi}_{u_h(t):=} + \underbrace{\int_0^t S(t-\tau)F(\tau)\,d\tau}_{u_p(t):=}\,,
\end{aligned}
$$

donde u_h es la solución de la ecuación homogénea de de (P_1^F) que ya fue probada y u_p es la solución particular de (P_1^F) con condición nula, que también fue probada en el teorema previo.

2. Observamos que $u(t) \in H_{per}^s$. Además, como $u_h,\ u_p \in C([0,T], H_{per}^s)$, entonces $u = u_h + u_p \in C([0,T], H_{per}^s)$. Similarmente, como $u_h,\ u_p \in C^1([0,T], H_{per}^{s-2})$, entonces $u = u_h + u_p \in C^1([0,T], H_{per}^{s-2})$.

Similarmete se prueba que $u = u_h + u_p \in C([0,T], H_{per}^r) \cap C^1([0,T], H_{per}^{r-2})$, $\forall r \le s$.

También, verificamos que $u(0) = u_h(0) + u_p(0) = \phi + 0 = \phi$.

Como existen $\partial_t u_h(t)$, $\partial_t u_p(t)$ en H_{per}^{s-2}, entonces $u(t) = u_h(t) + u_p(t)$ satisface en H_{per}^{s-2}:

$$
\begin{aligned}
\partial_t u(t) &= \partial_t u_h(t) + \partial_t u_p(t) \\
&= \partial_x^2 u_h(t) + (\partial_x^2 u_p(t) + F(t)) \\
&= (\partial_x^2 u_h(t) + \partial_x^2 u_p(t)) + F(t) \\
&= \partial_x^2(u_h(t) + u_p(t)) + F(t) \\
&= \partial_x^2 u(t) + F(t)\,.
\end{aligned}
$$

$\square$

Corolario 3.3 *La única solución de (P_1^F) es*

$$u(x,t) = \sum_{k=-\infty}^{+\infty} e^{-k^2 t}\widehat{\phi}(k)\, e^{ikx} + \int_0^t \sum_{k=-\infty}^{+\infty} e^{-k^2(t-\tau)}\widehat{F}(k,\tau)\, e^{ikx}\, d\tau\,.$$

3.5. Dependencia continua de la solución de (P_1^F)

Teorema 3.9 *Sea $T > 0$. Entonces la solución de (P_1^F) satisface*

$$\|u(t)\|_r \;\leq\; \|\phi\|_s + T\|F\|_{s,\infty}\,, \ \forall r \leq s\,,$$

$$\sup_{t\in[0,T]} \|u(t)\|_r \;\leq\; \|\phi\|_s + T\|F\|_{s,\infty}\,, \ \forall r \leq s\,.$$

Además,

$$\|\partial_t u(t)\|_{r-2} \;\leq\; \|\phi\|_s + (1+T)\|F\|_{s,\infty}\,,$$

$$\sup_{t\in[0,T]} \|\partial_t u(t)\|_{r-2} \;\leq\; \|\phi\|_s + (1+T)\|F\|_{s,\infty}$$

$\forall r \leq s$, donde $\|F\|_{s,\infty} := \sup_{t\in[0,T]} \|F(t)\|_s$.

Demostración.- Sea u solución de (P_1^F) entonces

$$u(t) = S(t)\phi + \int_0^t S(t-\tau)F(\tau)\, d\tau.$$

Usando la desigualdad triangular de la norma $\|\cdot\|_r$, inmersión continua de H_{per}^s en H_{per}^r $\forall r \leq s$, $\|S(t)\psi\|_s \leq \|\psi\|_s$ para $\psi \in H_{per}^s$, obtenemos

$$
\begin{aligned}
\|u(t)\|_r \;&\leq\; \left\| S(t)\phi + \int_0^t S(t-\tau)F(\tau)\, d\tau \right\|_r \\
&\leq\; \|S(t)\phi\|_r + \left\| \int_0^t S(t-\tau)F(\tau)\, d\tau \right\|_r \\
&\leq\; \|S(t)\phi\|_s + \left\| \int_0^t S(t-\tau)F(\tau)\, d\tau \right\|_s \\
&\leq\; \|\phi\|_s + \int_0^t \|S(t-\tau)F(\tau)\|_s\, d\tau \\
&\leq\; \|\phi\|_s + \int_0^t \|F(\tau)\|_s\, d\tau \\
&\leq\; \|\phi\|_s + \sup_{\tau\in[0,T]} \|F(\tau)\|_s \int_0^t d\tau \\
&\leq\; \|\phi\|_s + T\|F\|_{s,\infty}\,, \ \forall r \leq s\,.
\end{aligned}
$$

$$\tag{3.36}$$

Tomando supremo en la desigualdad (3.36) tenemos

$$\sup_{t\in[0,T]} \|u(t)\|_r \leq \|\phi\|_s + T\|F\|_{s,\infty}\,, \quad \forall r \leq s\,.$$

Por otro lado, vale en H_{per}^{s-2} la igualdad $\partial_t u(t) = \partial_x^2 u(t) + F(t)$.

Usando la desigualdad triangular de la norma $\|\cdot\|_{r-2}$, la inmersión continua de $H_{per}^{s-2} \subset H_{per}^{r-2}$ $\forall r \leq s$ y que el operador diferencial ∂_x^2 va de H_{per}^s en H_{per}^{s-2}, obtenemos

$$\begin{aligned}
\|\partial_t u(t)\|_{r-2} &= \|\partial_x^2 u(t) + F(t)\|_{r-2} \\
&\leq \|\partial_x^2 u(t)\|_{r-2} + \|F(t)\|_{r-2} \\
&\leq \|\partial_x^2 u(t)\|_{s-2} + \|F(t)\|_{s-2} \\
&\leq \|u(t)\|_s + \|F(t)\|_s\,, \quad \forall r \leq s\,.
\end{aligned} \tag{3.37}$$

Usando (3.36) en (3.37) obtenemos

$$\begin{aligned}
\|\partial_t u(t)\|_r &\leq \|\phi\|_s + T\|F\|_{s,\infty} + \|F(t)\|_s \\
&\leq \|\phi\|_s + (T+1)\|F\|_{s,\infty}\,, \quad \forall r \leq s\,.
\end{aligned} \tag{3.38}$$

Tomando supremo en la desigualdad (3.38) obtenemos

$$\sup_{t\in[0,T]} \|\partial_t u(t)\|_{r-2} \leq \|\phi\|_s + (T+1)\|F\|_{s,\infty}\,, \quad \forall r \leq s\,.$$

$\square$

A continuación enunciaremos y probaremos la dependencia continua de la solución de (P_1^F) respecto al dato inicial y a la no homogeneidad F.

Teorema 3.10 (Dependencia continua de la solución respecto al dato inicial y a la no homogeneidad) *Sea $T > 0$, s un número real fijado, $\varphi_j \in H_{per}^s$, $F_j \in C([0,T], H_{per}^s)$ y denotemos por u_j a la correspondiente solución de $(P_1^{F_j})$ para $j = 1, 2$. Entonces*

$$\begin{aligned}
\|u_1(t) - u_2(t)\|_s &\leq \|\varphi_1 - \varphi_2\|_s + T\|F_1 - F_2\|_{s,\infty}\,, \\
\sup_{t\in[0,T]} \|u_1(t) - u_2(t)\|_s &\leq \|\varphi_1 - \varphi_2\|_s + T\|F_1 - F_2\|_{s,\infty}
\end{aligned}$$

y

$$\begin{aligned}
\|\partial_t u_1(t) - \partial_t u_2(t)\|_{s-2} &\leq \|\varphi_1 - \varphi_2\|_s + (1+T)\|F_1 - F_2\|_{s,\infty}\,, \\
\sup_{t\in[0,T]} \|\partial_t u_1(t) - \partial_t u_2(t)\|_{s-2} &\leq \|\varphi_1 - \varphi_2\|_s + (1+T)\|F_1 - F_2\|_{s,\infty}\,,
\end{aligned}$$

donde $\|F\|_{s,\infty} := \sup_{\tau \in [0,T]} \|F(\tau)\|_s$.

O mejor aún, $\forall r \leq s$

$$\|u_1(t) - u_2(t)\|_r \leq \|\varphi_1 - \varphi_2\|_s + T\|F_1 - F_2\|_{s,\infty},$$

$$\sup_{t \in [0,T]} \|u_1(t) - u_2(t)\|_r \leq \|\varphi_1 - \varphi_2\|_s + T\|F_1 - F_2\|_{s,\infty}$$

y

$$\|\partial_t u_1(t) - \partial_t u_2(t)\|_{r-2} \leq \|\varphi_1 - \varphi_2\|_s + (1+T)\|F_1 - F_2\|_{s,\infty},$$

$$\sup_{t \in [0,T]} \|\partial_t u_1(t) - \partial_t u_2(t)\|_{r-2} \leq \|\varphi_1 - \varphi_2\|_s + (1+T)\|F_1 - F_2\|_{s,\infty}.$$

Demostración.- Sea u_i solución de $(P_1^{F_i})$ entonces

$$u_i(t) = \underbrace{S(t)\varphi_i}_{u_{i,h}(t):=} + \underbrace{\int_0^t S(t-\tau)F_i(\tau)\,d\tau}_{u_{i,p}(t):=}$$

para $i = 1, 2$.

Tomando la diferencia de $u_1(t)$ con $u_2(t)$, tenemos en H_{per}^s:

$$u_1(t) - u_2(t) = S(t)\{\varphi_1 - \varphi_2\} + \int_0^t S(t-\tau)\{F_1(\tau) - F_2(\tau)\}d\tau.$$

Ahora, usando la desigualdad triangular de la norma $\|\cdot\|_r$, inmersión continua de H_{per}^s en H_{per}^r para $r \leq s$ y $\|S(t)\psi\|_s \leq \|\psi\|_s$ con $\psi \in H_{per}^s$, obtenemos

$$
\begin{aligned}
\|u_1(t) - u_2(t)\|_r &\leq \|S(t)\{\varphi_1 - \varphi_2\}\|_r + \left\|\int_0^t S(t-\tau)\{F_1(\tau) - F_2(\tau)\}d\tau\right\|_r \\
&\leq \|S(t)\{\varphi_1 - \varphi_2\}\|_s + \int_0^t \|S(t-\tau)\{F_1(\tau) - F_2(\tau)\}\|_r d\tau \\
&\leq \|\varphi_1 - \varphi_2\|_s + \int_0^t \|S(t-\tau)\{F_1(\tau) - F_2(\tau)\}\|_s d\tau \\
&\leq \|\varphi_1 - \varphi_2\|_s + \int_0^t \|F_1(\tau) - F_2(\tau)\|_s d\tau \\
&\leq \|\varphi_1 - \varphi_2\|_s + \sup_{\tau \in [0,T]} \|F_1(\tau) - F_2(\tau)\|_s \int_0^t d\tau \\
&\leq \|\varphi_1 - \varphi_2\|_s + T \sup_{\tau \in [0,T]} \|F_1(\tau) - F_2(\tau)\|_s, \quad \forall r \leq s. \quad (3.39)
\end{aligned}
$$

Tomando supremo en la desigualdad (3.39) obtenemos

$$\sup_{t \in [0,T]} \|u_1(t) - u_2(t)\|_r \leq \|\varphi_1 - \varphi_2\|_s + T\|F_1 - F_2\|_{s,\infty}, \quad \forall r \leq s.$$

Por otro lado, en H_{per}^{s-2} para $i = 1, 2$, tenemos

$$\partial_t u_i(t) = F_i(t) + \partial_x^2 u_i(t).$$

Tomando la diferencia de $\partial_t u_1(t)$ con $\partial_t u_2(t)$ tenemos en H_{per}^{s-2}:

$$\partial_t u_1(t) - \partial_t u_2(t) = F_1(t) - F_2(t) + \partial_x^2 u_1(t) - \partial_x^2 u_2(t)$$

y usando la desigualdad triangular de la norma $\| \cdot \|_{r-2}$, la inmersión continua de $H_{per}^{s-2} \subset H_{per}^{r-2}$ $\forall r \leq s$ y que el operador diferencial ∂_x^2 va de H_{per}^s en H_{per}^{s-2}

$$
\begin{aligned}
\|\partial_t u_1(t) - \partial_t u_2(t)\|_{r-2} &\leq \|F_1(t) - F_2(t)\|_{r-2} + \|\partial_x^2\{u_1(t) - u_2(t)\}\|_{r-2} \\
&\leq \|F_1(t) - F_2(t)\|_{s-2} + \|\partial_x^2\{u_1(t) - u_2(t)\}\|_{s-2} \\
&\leq \|F_1(t) - F_2(t)\|_s + \|u_1(t) - u_2(t)\|_s .
\end{aligned}
\tag{3.40}
$$

Usando (3.39) en (3.40), obtenemos para $r \leq s$:

$$
\begin{aligned}
\|\partial_t u_1(t) - \partial_t u_2(t)\|_{r-2} &\leq \|F_1(t) - F_2(t)\|_s + \|\varphi_1 - \varphi_2\|_s + T\|F_1 - F_2\|_{s,\infty} \\
&\leq \|\varphi_1 - \varphi_2\|_s + (1 + T)\|F_1 - F_2\|_{s,\infty} .
\end{aligned}
\tag{3.41}
$$

Tomando supremo en la desigualdad (3.41) obtenemos

$$\sup_{t \in [0,T]} \|\partial_t u_1(t) - \partial_t u_2(t)\|_{r-2} \leq \|\varphi_1 - \varphi_2\|_s + (1 + T)\|F_1 - F_2\|_{s,\infty} ,$$

$\forall r \leq s$.

$\square$

3.6. Conclusiones

En nuestro estudio de la ecuación del calor en espacios de Sobolev periódico tanto en el caso homogéneo (P_1) como en el correspondiente problema no homogéneo (P_1^F) hemos obtenido importantes resultados, entre los cuales destacamos:

1. Usando la teoría de Fourier, demostramos la existencia y unicidad de solución del modelo (P_1), así como la dependencia continua de la solución respecto al dato inicial.

2. Probamos la regularidad de la solución de (P_1).

3. Introduciendo una familia de operadores, la cual forma un C_0-Semigrupo, reescribimos la solución del problema (P_1), obteniendo resultados más elegantes.

4. En el análisis de diferenciabilidad de la solución versus el dato inicial obtenemos resultados como el saber en que espacio H^r_{per} existe la derivada $\partial_t u(t) = \partial_x^2(t)$ y que esto depende mucho del espacio donde se tome el dato inicial.

5. Usando la teoría de Fourier y la teoría de Semigrupo probamos la existencia de solución local y unicidad de solución del modelo no homogéneo (P_1^F).

6. También, obtenemos la dependencia continua de la solución de (P_1^F) respecto al dato inicial y a la parte no homogénea del problema.

Capítulo 4

Análisis de la existencia de solución de la Ecuación de Onda

Empezamos comentando acerca de la ecuación de onda (1746)

$$u_{tt} - a^2 u_{xx} = 0\,, \tag{4.1}$$

como bien sabemos esta ecuación diferencial es de tipo hiperbólica y de segundo orden, donde $a > 0$ es una constante equivalente a la velocidad de propagación de la onda y como datos iniciales consideramos $u(0) = \phi \in H_{per}^s$ y $\partial_t u(0) = \psi \in H_{per}^{s-1}$, donde s es un número real y H_{per}^s es el espacio de Sobolev periódico de orden s.

La ecuación (4.1) describe la propagación de ondas, como las ondas sonoras, las ondas de luz y las ondas en el agua, siendo importante en acústica y electromagnetismo, ver Courant and Hilbert (1962). Es también de gran importancia en mecánica cuántica, ver Folland and Sitaram (1997) y dinámica de fluidos, ver Benjamin (1967).

Así, queremos resaltar la obra Iorio (2002), por los trabajos relacionados al modelo (4.1), citamos también a Santiago and Rojas (2017;2019) de cuyos trabajos nos motivamos para realizar este estudio. Probaremos la existencia y unicidad de solución global de (4.1) y su dependencia continua en intervalos compactos, introduciendo familias fuertemente continuas.

Finalmente, probaremos que el modelo no homogéneo de (4.1) posee solución local única, obteniendo también la dependencia continua de la solución respecto a los datos iniciales y a la parte no homogénea.

67

Nuestro trabajo lo organizamos del siguiente modo. En la sección 4.1, introducimos familias de operadores fuertemente continuas y obtenemos importantes propiedades en el espacio infinito dimensional H_{per}^s. En la sección 4.2, probamos que la ecuación de onda homogénea posee solución global. En la sección 4.3, probamos la dependencia continua de la solución de la ecuación de onda homogénea en $[0, T]$, $T > 0$. En la sección 4.4, analizamos la energía asociada a la ecuación de onda (4.1) y probamos que es conservativa, lo que nos permite también demostrar la unicidad de solución para el caso no homogéneo. En la sección 4.5, obtenemos una solución particular del problema no homogéneo de la ecuación de onda. En la sección 4.6, probamos la existencia de solución local de la ecuación de onda no homogénea. En la sección 4.7, probamos la dependencia continua respecto a los datos iniciales y a la no homogeneidad.

Finalmente, en la sección 4.8, expresamos las conclusiones de nuestro estudio.

4.1. Familias de operadores y propiedades

Para estudiar la existencia de solución de la ecuación de la onda en espacios de Sobolev periódicos, empezaremos introduciendo varias familias de operadores. Aquí, probaremos muchas de sus propiedades obtenidas. Estas familias de operadores surgen al buscar y conseguir vía Transformada de Fourier, el candidato a ser solución de la ecuación de onda homogénea. Para hacerlo ordenadamente vimos conveniente presentarlo de la siguiente forma.

Proposición 4.1 *Sea $a > 0$ y $s \in \mathbb{R}$. Se cumplen los siguientes enunciados.*

1. *Si $\phi \in P'$ entonces $(cos(a|k|t)\widehat{\phi}(k))_k \in S'(\mathbb{Z})$ y*

$$C(t)\phi := \sum_{k=-\infty}^{\infty} cos(a|k|t)\widehat{\phi}(k)\phi_k \in P', \ \forall t \in \mathbb{R}.$$

2. *Si $\phi \in P'$ entonces $(sen(a|k|t)\widehat{\phi}(k))_k \in S'(\mathbb{Z})$ y*

$$S(t)\phi := \sum_{k=-\infty}^{\infty} sen(a|k|t)\widehat{\phi}(k)\phi_k \in P', \ \forall t \in \mathbb{R}.$$

3. Si $\psi \in P'$ entonces $(\frac{sen(a|k|t)}{a|k|}\widehat{\psi}(k))_k \in S'(\mathbb{Z})$ y

$$W(t)\psi := \sum_{k=-\infty}^{\infty} \frac{sen(a|k|t)}{a|k|}\widehat{\psi}(k)\phi_k \in P' \,, \, \forall t \in \mathbb{R}\,,$$

donde estamos considerando:

$$\left.\frac{sen(a|k|t)}{a|k|}\right|_{k=0} = t\,. \tag{4.2}$$

4. Las aplicaciones $C(t)$, $S(t)$ y $W(t)$ son operadores lineales de P' en P', desde que la transformada de Fourier es lineal en P'.

5. $C(0) = I$, $S(0) = 0$ y $W(0) = 0$, donde I es el operador identidad y 0 es el operador nulo.

6. Los operadores $C(t)$, $S(t)$ y $W(t)$ son continuos de P' en P'.

7. Para $f \in P'$ se verifica:

$$C(t)f = \partial_t W(t)f\,, \tag{4.3}$$

donde (4.3) es en el sentido:

$$\lim_{h\to 0} < \frac{W(t+h)-W(t)}{h}f, \varphi >=< C(t)f, \varphi >\,, \quad \forall \varphi \in P\,.$$

8. Si $\phi \in H_{per}^s$ entonces $C(t)\phi \in H_{per}^s$ y $\|C(t)\phi\|_s \leq \|\phi\|_s$, $\forall t \in \mathbb{R}$. i.e. $C(t) \in L(H_{per}^s)$, $\forall t \in \mathbb{R}$.
Mejor aún, $C(t)\phi \in H_{per}^r$ $\forall r \leq s$, satisfaciendo: $\|C(t)\phi\|_r \leq \|\phi\|_s$, $\forall r \leq s$, $\forall t \in \mathbb{R}$. i.e. $C(t) \in L(H_{per}^s, H_{per}^r)$, $\forall r \leq s$, $\forall t \in \mathbb{R}$.

9. Si $\psi \in H_{per}^{s-1}$ entonces $W(t)\psi \in H_{per}^s$ y $\|W(t)\psi\|_s \leq \sqrt{\max\left\{t^2, \left(\frac{2}{a^2}\right)\right\}}\,\|\psi\|_{s-1}$.
i.e. $W(t) \in L(H_{per}^{s-1}, H_{per}^s)$, $\forall t \in \mathbb{R}$.
Mejor aún, $W(t)\psi \in H_{per}^r$, $\forall r \leq s$, satisfaciendo:

$$\|W(t)\psi\|_r \leq \sqrt{\max\left\{t^2, \left(\frac{2}{a^2}\right)\right\}}\,\|\psi\|_{s-1}, \; \forall r \leq s\,, \tag{4.4}$$

i.e. $W(t) \in L(H_{per}^{s-1}, H_{per}^r)$, $\forall r \leq s$, $\forall t \in \mathbb{R}$.
Se observa que la desigualdad (4.4) nos va indicando que la dependencia continua de la solución será local.

Demostración.- Fácilmente se pueden probar los primeros cinco items, por ello sólo probaremos los items restantes, esto es, items del 6 al 9.

6. En efecto, sea $\psi_n \to \psi$ en P', probaremos que $S(t)\psi_n \to S(t)\psi$ en P'. Sea $\varphi \in P$ arbitrario,

$$
< S(t)\psi_n - S(t)\psi, \varphi >
$$
$$
= 2\pi \sum_{k=-\infty}^{+\infty} \{sen(a|k|t)\widehat{\psi_n}(k) - sen(a|k|t)\widehat{\psi}(k)\}\widehat{\varphi}(-k)
$$
$$
= 2\pi \sum_{k=-\infty}^{+\infty} \{\widehat{\psi_n}(k) - \widehat{\psi}(k)\} \underbrace{\widehat{\varphi}(-k)sen(a|k|t)}_{\in S(Z)} \longrightarrow 0
$$

cuando $n \to +\infty$.

Análogamente, conseguimos

$$
< C(t)\psi_n - C(t)\psi, \varphi >
$$
$$
= 2\pi \sum_{k=-\infty}^{+\infty} \{cos(a|k|t)\widehat{\psi_n}(k) - cos(a|k|t)\widehat{\psi}(k)\}\widehat{\varphi}(-k)
$$
$$
= 2\pi \sum_{k=-\infty}^{+\infty} \{\widehat{\psi_n}(k) - \widehat{\psi}(k)\} \underbrace{\widehat{\varphi}(-k)cos(a|k|t)}_{\in S(Z)} \longrightarrow 0
$$

cuando $n \to +\infty$. Esto demuestra la continuidad de $C(t)$. Igualmente, tenemos

$$
< W(t)\psi_n - W(t)\psi, \varphi >
$$
$$
= 2\pi \sum_{k=-\infty}^{+\infty} \left\{ \frac{sen(a|k|t)}{a|k|}\widehat{\psi_n}(k) - \frac{sen(a|k|t)}{a|k|}\widehat{\psi}(k) \right\} \widehat{\varphi}(-k)
$$
$$
= 2\pi \sum_{k=-\infty}^{+\infty} \{\widehat{\psi_n}(k) - \widehat{\psi}(k)\} \underbrace{\widehat{\varphi}(-k)\frac{sen(a|k|t)}{a|k|}}_{\in S(Z)} \longrightarrow 0
$$

cuando $n \to +\infty$. Esto demuestra la continuidad de $W(t)$.

7. Para $f \in P'$ probaremos:

$$
\lim_{h \to 0} < \frac{W(t+h) - W(t)}{h}f, \varphi >=< C(t)f, \varphi >, \quad \forall \varphi \in P.
$$

En efecto, sabemos que si $f \in P'$ y $\varphi \in P$ entonces es válido

$$
\frac{1}{2\pi} < f, \varphi >= \sum_{k=-\infty}^{+\infty} \widehat{f}(k)\widehat{\varphi}(-k) < \infty. \tag{4.5}
$$

Usando (4.5) obtenemos

$$< \frac{W(t+h) - W(t)}{h} f - C(t)f, \varphi >$$

$$= 2\pi \sum_{k=-\infty}^{+\infty} \left\{ \underbrace{\frac{\frac{sen(a|k|(t+h))}{a|k|} - \frac{sen(a|k|t)}{a|k|}}{h}}_{M(k,t,h)=} - cos(a|k|t) \right\} \widehat{f}(k)\widehat{\varphi}(-k) ,$$

$$(4.6)$$

donde $[M(k,t,h) - cos(a|k|t)] \to 0$ cuando $h \to 0$.

Ahora necesitamos la convergencia uniforme de la serie (4.6) para habilitar el intercambio de límites. Usando el teorema del valor medio a $f(t) = sen(a|k|t)$ sobre $[t, t+h]$, tenemos

$$M(k,t,h) = cos(a|k|\xi), \ \xi \in [t, t+h].$$

Mayoramos el k- ésimo término de la serie (4.6),

$$I_k(t,h) \leq 2\widehat{f}(k)\widehat{\varphi}(-k)$$

y de (4.5) tenemos $\sum_{-\infty}^{+\infty} \widehat{f}(k)\widehat{\varphi}(-k) < \infty$, entonces usando el Teorema M- Test de Weierstrass conseguimos la convergencia uniforme de la serie (4.6). Por lo tanto, es posible intercambiar límites y obtener

$$\lim_{h\to 0} < \frac{W(t+h) - W(t)}{h} f - C(t)f, \varphi > \ = \ \lim_{h\to 0} 2\pi \sum_{k=-\infty}^{+\infty} I_k(t,h)$$

$$= \ 2\pi \sum_{k=-\infty}^{+\infty} \underbrace{\lim_{h\to 0} I_k(t,h)}_{=0}$$

$$= \ 0 .$$

8. En efecto, si $\phi \in H_{per}^s$ probaremos que $(cos(a|k|t)\widehat{\phi(k)})_{k\in Z} \in l_s^2$.

Desde que el coseno esta acotado, tenemos

$$2\pi \sum_{k=-\infty}^{+\infty} (1 + k^2)^s |cos(a|k|t)\widehat{\phi}(k)|^2$$

$$= 2\pi \sum_{k=-\infty}^{+\infty} |cos(a|k|t)|^2 (1 + k^2)^s |\widehat{\phi}(k)|^2$$

$$\leq 2\pi \sum_{k=-\infty}^{+\infty} (1 + k^2)^s |\widehat{\phi}(k)|^2 = \|\phi\|_s^2 < \infty .$$

Así, $\|C(t)\phi\|_s \leq \|\phi\|_s$.

Análogamente, $\|C(t)\phi\|_r \leq \|\phi\|_r \leq \|\phi\|_s$, $\forall r \leq s$.

9. En efecto, si $\psi \in H^{s-1}_{per}$ probaremos que

$$\left(\frac{sen(a|k|t)}{a|k|}\widehat{\psi}(k)\right)_{k\in Z} \in l^2_s .$$

Haciendo los cálculos, conseguimos

$$2\pi \sum_{0\neq k=-\infty}^{+\infty} (1+k^2)^s \left|\frac{sen(a|k|t)}{a|k|}\widehat{\psi}(k)\right|^2$$

$$= 2\pi \sum_{0\neq k=-\infty}^{+\infty} \left|\frac{sen(a|k|t)}{a|k|}\right|^2 (1+k^2)^s \left|\widehat{\psi}(k)\right|^2$$

$$\leq 2\pi \sum_{0\neq k=-\infty}^{+\infty} \frac{1}{a^2}|sen(a|k|t)|^2 \left(\frac{1+k^2}{k^2}\right)(1+k^2)^{s-1}|\widehat{\psi}(k)|^2$$

$$\leq 2\pi \sum_{0\neq k=-\infty}^{+\infty} \frac{2}{a^2}(1+k^2)^{s-1}|\widehat{\psi}(k)|^2$$

$$= \left(\frac{2}{a^2}\right) 2\pi \sum_{0\neq k=-\infty}^{+\infty} (1+k^2)^{s-1}|\widehat{\psi}(k)|^2 \tag{4.7}$$

$$\leq \frac{2}{a^2}\|\psi\|^2_{s-1} < \infty$$

pues para $k \neq 0$ se tiene $1 \leq k^2$ y por consiguiente $\frac{1+k^2}{k^2} \leq 2$. Usando (4.7) obtenemos

$$\|W(t)\psi\|^2_s \leq t^2 2\pi|\widehat{\psi}(0)|^2 + \left(\frac{2}{a^2}\right) 2\pi \sum_{0\neq k=-\infty}^{+\infty} (1+k^2)^{s-1}|\widehat{\psi}(k)|^2$$

$$\leq \max\left\{t^2, \left(\frac{2}{a^2}\right)\right\} 2\pi \sum_{k=-\infty}^{+\infty} (1+k^2)^{s-1}|\widehat{\psi}(k)|^2$$

$$= \max\left\{t^2, \left(\frac{2}{a^2}\right)\right\}\|\psi\|^2_{s-1} < \infty .$$

Mejor aún, similarmente obtenemos, para $r \leq s$:

$$2\pi \sum_{0\neq k=-\infty}^{+\infty} (1+k^2)^r \left|\frac{sen(a|k|t)}{a|k|}\widehat{\psi}(k)\right|^2$$

$$\leq \left(\frac{2}{a^2}\right) 2\pi \sum_{0\neq k=-\infty}^{+\infty} (1+k^2)^{r-1}|\widehat{\psi}(k)|^2 \tag{4.8}$$

$$\leq \frac{2}{a^2}\|\psi\|_{s-1}^2 < \infty.$$

También, usando (4.8) obtenemos para todo $r \leq s$:

$$\begin{aligned}
\|W(t)\psi\|_r^2 &\leq t^2 2\pi|\widehat{\psi}(0)|^2 + \left(\frac{2}{a^2}\right) 2\pi \sum_{\substack{0\neq k=-\infty}}^{+\infty} (1+k^2)^{r-1}|\widehat{\psi}(k)|^2 \\
&\leq \max\left\{t^2, \left(\frac{2}{a^2}\right)\right\} 2\pi \sum_{k=-\infty}^{+\infty} (1+k^2)^{r-1}|\widehat{\psi}(k)|^2 \\
&= \max\left\{t^2, \left(\frac{2}{a^2}\right)\right\} \|\psi\|_{r-1}^2 \\
&\leq \max\left\{t^2, \left(\frac{2}{a^2}\right)\right\} \|\psi\|_{s-1}^2 < \infty.
\end{aligned}$$

$\square$

A continuación enunciaremos y demostraremos algunos resultados importantes que se obtienen a partir de las familias de operadores introducidos.

Teorema 4.1 *Sea $a > 0$, $s \in \mathbb{R}$ fijado y W definido en la Proposición 4.1. Entonces $W(t) \in L(H_{per}^{s-1}, H_{per}^r)\ \forall r \leq s$, $\forall t \in \mathbb{R}$ y la aplicación: $t \in \mathbb{R} \longrightarrow W(t)$ es fuertemente continua, i.e.*

$$\lim_{t'\to t} \|W(t)\varphi - W(t')\varphi\|_r = 0 \ \forall\varphi \in H_{per}^{s-1}, \ \forall t \in \mathbb{R}, \forall r \leq s. \tag{4.9}$$

Además,

$$\lim_{h\to 0} \left\|\frac{W(t+h)\varphi - W(t)\varphi}{h} - C(t)\varphi\right\|_{r-1} = 0, \ \forall r \leq s \tag{4.10}$$

y $\forall r \leq s$ vale:

$$\lim_{h\to 0} \left\|\frac{\partial_t W(t+h)\varphi - \partial_t W(t)\varphi}{h} + a^2|D|^2 W(t)\varphi\right\|_{r-2} = 0, \tag{4.11}$$

siendo la convergencia uniformemente con respecto a t, donde:

$$a^2|D|^2 W(t)\varphi := \sum_{k=-\infty}^{+\infty} a^2|k|^2 \frac{sen(a|k|t)}{a|k|} \widehat{\varphi}(k)\phi_k.$$

En particular, $W(t)\varphi$ satisface la ecuación de onda

$$\left|\begin{aligned}
&\partial_t^2 W(t)\varphi - a^2\partial_x^2 W(t)\varphi = 0 \in H_{per}^{s-2} \\
&W(0)\varphi = 0 \\
&\partial_t W(0)\varphi = \varphi \in H_{per}^{s-1}
\end{aligned}\right.$$

con la derivada respecto al tiempo calculado en (4.10) y (4.11) para $r = s$.

Demostración.- Primero, probaremos (4.9) para el caso $r = s$. Sea $\varphi \in H_{per}^{s-1}$ y $t \in \mathbb{R}$,

$$
\begin{aligned}
\|W(t)\varphi - W(t')\varphi\|_s^2 &= 2\pi|t\widehat{\varphi}(0) - t'\widehat{\varphi}(0)|^2 \\
&\quad + 2\pi \sum_{0 \neq k=-\infty}^{+\infty} (1+k^2)^s \left| \left\{ \frac{sen(a|k|t) - sen(a|k|t')}{a|k|} \right\} \widehat{\varphi}(k) \right|^2 \\
&= 2\pi|t\widehat{\varphi}(0) - t'\widehat{\varphi}(0)|^2 \\
&\quad + 2\pi \sum_{0 \neq k=-\infty}^{+\infty} (1+k^2)^s \left| \underbrace{\left\{ \frac{sen(a|k|t) - sen(a|k|t')}{a|k|} \right\}}_{M(t):=} \right|^2 |\widehat{\varphi}(k)|^2 .
\end{aligned}
$$

$$(4.12)$$

Se observa que $\lim_{t\to t'} M(t) = 0$. Ahora, necesitamos de la convergencia uniforme de la serie para el intercambio de límites. Para eso, tomamos el k-ésimo término de la serie y lo mayoramos por una serie convergente, i.e.

$$
\begin{aligned}
I_{k,t} &:= (1+k^2)^s |M(t)|^2 |\widehat{\varphi}(k)|^2 \\
&= (1+k^2)^{s-1}|sen(a|k|t) - sen(a|k|t')|^2 \frac{1}{a^2|k|^2}(1+k^2)|\widehat{\varphi}(k)|^2 \\
&\leq (1+k^2)^{s-1}\frac{4}{a^2}\left(\frac{1+k^2}{k^2}\right)|\widehat{\varphi}(k)|^2 \\
&\leq \frac{8}{a^2}(1+k^2)^{s-1}|\widehat{\varphi}(k)|^2 ,
\end{aligned}
$$

donde hemos usado que $1 \leq |k|^2$, para $k \in Z - \{0\}$ y que $\frac{1+k^2}{k^2} \leq 2$, $k \in Z - \{0\}$. Así,

$$
2\pi \sum_{0 \neq k=-\infty}^{+\infty} I_{k,t} \leq \frac{8}{a^2}2\pi \sum_{0 \neq k=-\infty}^{+\infty} (1+k^2)^{s-1}|\widehat{\varphi}(k)|^2 < \infty ,
$$

y usando el Teorema del M-Test de Weierstrass tenemos que la serie converge uniformemente. Luego, está permitido el intercambio de límite, esto es,

$$
\lim_{t\to t'} \|W(t)\varphi - W(t')\varphi\|_s^2 = 0 + 2\pi \sum_{0 \neq k=-\infty}^{+\infty} \underbrace{\lim_{t\to t'} I_{k,t}}_{=0} = 0 .
$$

De modo análogo se demuestra que

$$
\lim_{t\to t'} \|W(t)\varphi - W(t')\varphi\|_r^2 = 0 , \forall r \leq s , \ \forall\varphi \in H_{per}^{s-1} .
$$

Ahora probaremos (4.10) para el caso $r = s$. Sea $\varphi \in H_{per}^{s-1}$ y $t \in \mathbb{R}$,

$$\left\| \frac{W(t+h)\varphi - W(t)\varphi}{h} - C(t)\varphi \right\|_{s-1}^2 =$$

$$2\pi \sum_{\substack{0 \neq k = -\infty}}^{+\infty} (1+k^2)^{s-1} \underbrace{\left| \left\{ \frac{sen(a|k|(t+h)) - sen(a|k|t)}{a|k|h} - cos(a|k|t) \right\} \right|^2}_{M(t,h):=} |\widehat{\varphi}(k)|^2 .$$

$$(4.13)$$

Observamos que $\lim_{h\to 0} M(t,h) = 0$.

Ahora, necesitamos la convergencia uniforme de la serie para habilitar el intercambio de límites. Para ello procederemos mayorando el k- ésimo término de la serie. Previamente, usando el Teorema del valor medio, aplicado a la función $f(y) = sen(a|k|(t+y))$ en el intervalo $[0,h]$, con $h > 0$, obtenemos que existe $\xi \in [0,h]$ tal que $f(h) - f(0) = hf'(\xi) = ha|k|cos(a|k|(t+\xi))$.

Mayorando $M(t,h)$ tenemos

$$|M(t,h)| \leq |cos(a|k|(t+\xi))| + |cos(a|k|(t))| \leq 2 . \qquad (4.14)$$

Pasamos a mayorar el k- ésimo término de la serie usando (4.14) y obtenemos

$$\begin{aligned} I_{k,t,h} &= (1+k^2)^{s-1}|M(t,h)|^2|\widehat{\varphi}(k)|^2 \\ &\leq (1+k^2)^{s-1}4|\widehat{\varphi}(k)|^2 . \end{aligned}$$

Así,

$$2\pi \sum_{\substack{0 \neq k = -\infty}}^{+\infty} I_{k,t,h} \leq 8\pi \sum_{\substack{0 \neq k = -\infty}}^{+\infty} (1+k^2)^{s-1}|\widehat{\varphi}(k)|^2 \leq 4\|\varphi\|_{s-1}^2 < \infty ,$$

y usando el Teorema del M-Test de Weierstrass tenemos que la serie en (4.13) converge uniformemente. Luego, está permitido el intercambio de límite, esto es,

$$\lim_{h\to 0} \left\| \frac{W(t+h)\varphi - W(t)\varphi}{h} - C(t)\varphi \right\|_{s-1}^2 = 2\pi \sum_{\substack{0 \neq k = -\infty}}^{+\infty} \lim_{h\to 0} I_{k,t,h} = 0.$$

De modo análogo se demuestra que

$$\lim_{h\to 0} \left\| \frac{W(t+h)\varphi - W(t)\varphi}{h} - C(t)\varphi \right\|_{r-1}^2 = 0 , \quad \forall r \leq s, \ \forall \varphi \in H_{per}^{s-1} .$$

Finalmente, probaremos (4.11) para $r = s$. Sea $\varphi \in H_{per}^{s-1}$ y $t \in \mathbb{R}$,

$$\left\| \frac{\partial_t W(t+h)\varphi - \partial_t W(t)\varphi}{h} + a^2 |D|^2 W(t)\varphi \right\|_{s-2}^2 =$$

$$2\pi \sum_{0 \neq k=-\infty}^{+\infty} (1+k^2)^{s-2} \left| \underbrace{\left\{ \frac{\cos(a|k|(t+h)) - \cos(a|k|t)}{h} + a|k|sen(a|k|t) \right\}}_{M_1(t,h):=} \right|^2 |\widehat{\varphi}(k)|^2 \,.$$

$$(4.15)$$

Observamos que $\lim_{h \to 0} M_1(t, h) = 0$.

Ahora, necesitamos la convergencia uniforme de la serie para habilitar el intercambio de límites. Para ello procederemos mayorando el k- ésimo término de la serie. Previamente, usando el Teorema del valor medio, aplicado a la función $f(y) = cos(a|k|(t+y))$ en el intervalo $[0, h]$, con $h > 0$, obtenemos que existe $\xi \in [0, h]$ tal que $f(h) - f(0) = hf'(\xi) = -ha|k|sen(a|k|(t+\xi))$.

Mayorando $M_1(t, h)$ tenemos

$$|M_1(t, h)| \leq | - a|k|sen(a|k|(t+\xi))| + |a|k|sen(a|k|(t))| \leq 2a|k| \,. \tag{4.16}$$

Pasamos a mayorar el k- ésimo término de la serie usando (4.16) y obtenemos

$$\begin{aligned}
I_{k,t,h} &= (1+k^2)^{s-2}|M_1(t,h)|^2|\widehat{\varphi}(k)|^2 \\
&\leq (1+k^2)^{s-2}4a^2k^2|\widehat{\varphi}(k)|^2 \\
&\leq (1+k^2)^{s-2}4a^2(1+k^2)|\widehat{\varphi}(k)|^2 \\
&= 4a^2(1+k^2)^{s-1}|\widehat{\varphi}(k)|^2 \,.
\end{aligned}$$

Así,

$$2\pi \sum_{0 \neq k=-\infty}^{+\infty} I_{k,t,h} \leq 8\pi a^2 \sum_{0 \neq k=-\infty}^{+\infty} (1+k^2)^{s-1}|\widehat{\varphi}(k)|^2 \leq 4a^2 \|\varphi\|_{s-1}^2 < \infty \,,$$

y usando el Teorema del M-Test de Weierstrass tenemos que la serie en (4.15) converge uniformemente. Luego, está permitido el intercambio de límite, esto es,

$$\lim_{h \to 0} \left\| \frac{\partial_t W(t+h)\varphi - \partial_t W(t)\varphi}{h} + a^2 |D|^2 W(t)\varphi \right\|_{s-2}^2 = 2\pi \sum_{0 \neq k=-\infty}^{+\infty} \lim_{h \to 0} I_{k,t,h} = 0 \,.$$

De modo análogo se prueba

$$\lim_{h\to 0}\left\|\frac{\partial_t W(t+h)\varphi - \partial_t W(t)\varphi}{h} + a^2|D|^2 W(t)\varphi\right\|_{r-2}^2 = 0\,, \ \forall r \leq s\,, \ \forall \varphi \in H_{per}^{s-1}\,.$$

$\square$

Observación 4.1 *Del Teorema 4.1 se tiene que valen los siguientes enunciados:*

1. $W(t) \in L(H_{per}^{s-1}, H_{per}^s)\ \forall t \in \mathbb{R}$ *y la aplicación:* $t \in \mathbb{R} \longrightarrow W(t)$ *es fuertemente continua, i.e.* $\forall r \leq s$ *se tiene:*

$$\lim_{t'\to t}\|W(t)\varphi - W(t')\varphi\|_s = 0\ \forall \varphi \in H_{per}^{s-1}\,. \tag{4.17}$$

2. *Además,*

$$\lim_{h\to 0}\left\|\frac{W(t+h)\varphi - W(t)\varphi}{h} - C(t)\varphi\right\|_{s-1} = 0 \tag{4.18}$$

3. *y*

$$\lim_{h\to 0}\left\|\frac{\partial_t W(t+h)\varphi - \partial_t W(t)\varphi}{h} + a^2|D|^2 W(t)\varphi\right\|_{s-2} = 0\,. \tag{4.19}$$

4. *La igualdad (4.18) nos dice que* $\partial_t W(t)\varphi = C(t)\varphi$ *en* H_{per}^{s-1} *y la igualdad (4.19) nos dice* $\partial_t^2 W(t)\varphi = -a^2|D|^2 W(t)\varphi$ *en* H_{per}^{s-2}.

Teorema 4.2 *Sea* $a > 0$, $s \in \mathbb{R}$ *fijado y* C *definido en la Proposición 4.1. Entonces* $C(t) \in L(H_{per}^s, H_{per}^r)\ \forall r \leq s$, $\forall t \in \mathbb{R}$ *y la aplicación:* $t \in \mathbb{R} \longrightarrow C(t)$ *es fuertemente continua, i.e.*

$$\lim_{t'\to t}\|C(t)\phi - C(t')\phi\|_r = 0\ \forall \phi \in H_{per}^s\,, \ \forall r \leq s\,, \ \forall t \in \mathbb{R}\,. \tag{4.20}$$

Además, $\forall r \leq s$ *vale:*

$$\lim_{h\to 0}\left\|\frac{C(t+h)\phi - C(t)\phi}{h} + a|D|sen(a|D|t)\phi\right\|_{r-1} = 0\,, \tag{4.21}$$

y $\forall r \leq s$ *tenemos*

$$\lim_{h\to 0}\left\|\frac{\partial_t C(t+h)\phi - \partial_t C(t)\phi}{h} + a^2|D|^2 C(t)\phi\right\|_{r-2} = 0\,, \tag{4.22}$$

siendo las convergencias uniformemente con respecto a t, *donde*

$$a|D|sen(a|D|t)\phi := \sum_{k=-\infty}^{+\infty} a|k|sen(a|k|t)\widehat{\phi}(k)\phi_k$$

y

$$a^2|D|^2C(t)\phi := \sum_{k=-\infty}^{+\infty} a^2|k|^2cos(a|k|t)\widehat{\phi}(k)\phi_k \,.$$

También, se cumple que la aplicación: $t \in \mathbb{R} \longrightarrow \partial_t C(t)$ es fuertemente continua sobre H_{per}^{r-1}, $\forall r \leq s$. En particular, $C(t)\phi$ satisface la ecuación de onda:

$$\left|\begin{array}{l} \partial_t^2 C(t)\phi - a^2\partial_x^2 C(t)\phi = 0 \in H_{per}^{s-2} \\ C(0)\phi = \phi \in H_{per}^s \\ \partial_t C(0)\phi = 0 \end{array}\right.$$

con la derivada respecto al tiempo calculado en (4.21) y (4.22) para $r = s$.

Demostración.- Primero, probaremos (4.20) para $r = s$. Sea $\phi \in H_{per}^s$ y $t \in \mathbb{R}$,

$$\begin{aligned} \|C(t)\phi - C(t')\phi\|_s^2 &= 2\pi \sum_{0\neq k=-\infty}^{+\infty} (1+k^2)^s \left|\{cos(a|k|t) - cos(a|k|t')\}\,\widehat{\phi}(k)\right|^2 \\ &= 2\pi \sum_{0\neq k=-\infty}^{+\infty} (1+k^2)^s \left|\underbrace{\{cos(a|k|t) - cos(a|k|t')\}}_{M_1(t):=}\right|^2 \left|\widehat{\phi}(k)\right|^2 . \end{aligned}$$

$$(4.23)$$

Se observa que $\lim_{t\to t'} M_1(t) = 0$. Ahora, necesitamos de la convergencia uniforme de la serie para el intercambio de límites. Para eso, tomamos el k-ésimo término de la serie y lo mayoramos por una serie convergente, i.e.

$$\begin{aligned} I_{k,t} &:= (1+k^2)^s |M_1(t)|^2 \left|\widehat{\phi}(k)\right|^2 \\ &= (1+k^2)^s |cos(a|k|t) - cos(a|k|t')|^2 |\widehat{\phi}(k)|^2 \\ &\leq 4(1+k^2)^s |\widehat{\phi}(k)|^2 . \end{aligned}$$

Así,

$$2\pi \sum_{0\neq k=-\infty}^{+\infty} I_{k,t} \leq 4(2\pi) \sum_{0\neq k=-\infty}^{+\infty} (1+k^2)^s |\widehat{\phi}(k)|^2 \leq 4\|\phi\|_s^2 < \infty \,,$$

y usando el Teorema del M-Test de Weierstrass tenemos que la serie converge uniformemente. Luego está permitido el intercambio de límite, esto es,

$$\lim_{t\to t'} \|C(t)\phi - C(t')\phi\|_s^2 = 2\pi \sum_{0\neq k=-\infty}^{+\infty} \underbrace{\lim_{t\to t'} I_{k,t}}_{=0} = 0 \,.$$

De modo análogo se demuestra que

$$\lim_{t \to t'} \|C(t)\phi - C(t')\phi\|_r^2 = 0\,, \quad \forall r \leq s.$$

Ahora, probaremos (4.21) para $r = s$. Sea $\phi \in H_{per}^s$ y $t \in \mathbb{R}$,

$$\left\| \frac{C(t+h)\phi - C(t)\phi}{h} + a|D|sen(a|D|t)\phi \right\|_{s-1}^2 =$$

$$2\pi \sum_{0 \neq k = -\infty}^{+\infty} (1+k^2)^{s-1} \left| \underbrace{\left\{ \frac{cos(a|k|(t+h)) - cos(a|k|t)}{h} + a|k|sen(a|k|t) \right\}}_{M_1(t,h):=} \right|^2 \left| \widehat{\phi}(k) \right|^2. \tag{4.24}$$

Observamos que $\lim_{h \to 0} M_1(t,h) = 0$.

Ahora, necesitamos la convergencia uniforme de la serie para habilitar el intercambio de límites. Para ello procederemos mayorando el k- ésimo término de la serie. Previamente, usando el Teorema del valor medio, aplicado a la función $f(y) = cos(a|k|(t+y))$ en el intervalo $[0,h]$, con $h > 0$, obtenemos que existe $\xi \in [0,h]$ tal que $f(h) - f(0) = hf'(\xi) = -ha|k|sen(a|k|(t+\xi))$. Mayorando $M_1(t,h)$ tenemos

$$|M_1(t,h)| \leq |a|k|sen(a|k|(t+\xi))| + |a|k|sen(a|k|(t))| \leq 2a|k|\,. \tag{4.25}$$

Pasamos a mayorar el k- ésimo término de la serie usando (4.25) y obtenemos

$$\begin{aligned}
I_{k,t,h} &= (1+k^2)^{s-1}|M_1(t,h)|^2|\widehat{\phi}(k)|^2 \\
&\leq (1+k^2)^{s-1}4a^2|k|^2|\widehat{\phi}(k)|^2 \\
&\leq 4a^2(1+k^2)^{s-1}(1+k^2)|\widehat{\phi}(k)|^2 \\
&= 4a^2(1+k^2)^s|\widehat{\phi}(k)|^2\,.
\end{aligned}$$

Así,

$$2\pi \sum_{0 \neq k = -\infty}^{+\infty} I_{k,t,h} \leq 8\pi a^2 \sum_{0 \neq k = -\infty}^{+\infty} (1+k^2)^s|\widehat{\phi}(k)|^2 \leq 4a^2\|\phi\|_s^2 < \infty\,,$$

y usando el Teorema del M-Test de Weierstrass tenemos que la serie en (4.24) converge uniformemente. Luego, está permitido el intercambio de límite, esto es,

$$\lim_{h \to 0} \left\| \frac{C(t+h)\phi - C(t)\phi}{h} + a|D|sen(a|D|t)\phi \right\|_{s-1}^2 = 2\pi \sum_{0 \neq k = -\infty}^{+\infty} \underbrace{\lim_{h \to 0} I_{k,t,h}}_{=0} = 0.$$

De modo análogo se prueba

$$\lim_{h \to 0} \left\| \frac{C(t+h)\phi - C(t)\phi}{h} + a|D|sen(a|D|t)\phi \right\|_{r-1}^2 = 0, \ \forall r \le s.$$

A seguir probaremos (4.22) para $r = s$. Sea $\phi \in H_{per}^s$ y $t \in \mathbb{R}$,

$$\left\| \frac{\partial_t C(t+h)\phi - \partial_t C(t)\phi}{h} + a^2|D|^2 C(t)\phi \right\|_{s-2}^2$$

$$= 2\pi \sum_{0 \ne k=-\infty}^{+\infty} (1+k^2)^{s-2} \left| \widehat{\phi}(k) \right|^2 \cdot$$

$$\left| \underbrace{\left\{ \frac{-a|k|sen(a|k|(t+h)) + a|k|sen(a|k|t)}{h} + a^2|k|^2 cos(a|k|t) \right\}}_{M_2(t,h):=} \right|^2 .$$

$$(4.26)$$

Observamos que $\lim_{h \to 0} M_2(t,h) = 0$.

Ahora, necesitamos la convergencia uniforme de la serie para habilitar el intercambio de límites. Para ello procederemos mayorando el k- ésimo término de la serie. Previamente, usando el Teorema del valor medio, aplicado a la función $f(y) = sen(a|k|(t+y))$ en el intervalo $[0,h]$, con $h > 0$, obtenemos que existe $\xi \in [0,h]$ tal que $f(h) - f(0) = hf'(\xi) = ha|k|cos(a|k|(t+\xi))$.

Mayorando $M_2(t,h)$ tenemos

$$|M_2(t,h)| \le |a|k|cos(a|k|(t+\xi))| + |a|k|cos(a|k|(t))| \le 2a|k|. \tag{4.27}$$

Pasamos a mayorar el k- ésimo término de la serie usando (4.27) y obtenemos

$$\begin{aligned} I_{k,t,h} &= (1+k^2)^{s-2}a^2|k|^2|M_2(t,h)|^2|\widehat{\phi}(k)|^2 \\ &\le (1+k^2)^{s-2}4a^4(k^2)^2|\widehat{\phi}(k)|^2 \\ &\le 4a^4(1+k^2)^{s-2}(1+k^2)^2|\widehat{\phi}(k)|^2 \\ &= 4a^4(1+k^2)^s|\widehat{\phi}(k)|^2 . \end{aligned}$$

Así,

$$2\pi \sum_{0 \ne k=-\infty}^{+\infty} I_{k,t,h} \le 8\pi a^4 \sum_{0 \ne k=-\infty}^{+\infty} (1+k^2)^s|\widehat{\phi}(k)|^2 \le 4a^4\|\phi\|_s^2 < \infty,$$

y usando el Teorema del M-Test de Weierstrass tenemos que la serie en (4.26) converge uniformemente. Luego, está permitido el intercambio de límite, esto es,

$$\lim_{h \to 0} \left\| \frac{\partial_t C(t+h)\phi - \partial_t C(t)\phi}{h} + a^2 |D|^2 C(t)\phi \right\|_{s-2}^2 = 2\pi \sum_{0 \neq k=-\infty}^{+\infty} \underbrace{\lim_{h \to 0} I_{k,t,h}}_{=0} = 0.$$

De modo análogo se prueba

$$\lim_{h \to 0} \left\| \frac{\partial_t C(t+h)\phi - \partial_t C(t)\phi}{h} + a^2 |D|^2 C(t)\phi \right\|_{r-2}^2 = 0, \ \forall r \leq s.$$

Finalmente, probaremos

$$\lim_{t' \to t} \|\partial_t C(t)\phi - \partial_t C(t')\phi\|_{s-1} = 0, \ \forall \phi \in H_{per}^s, \ \forall t \in \mathbb{R}. \tag{4.28}$$

Sea $\phi \in H_{per}^s$ y $t \in \mathbb{R}$,

$$\begin{aligned}
\|\partial_t C(t)\phi &- \partial_t C(t')\phi\|_{s-1}^2 \\
&= 2\pi \sum_{0 \neq k=-\infty}^{+\infty} (1+k^2)^{s-1} \left| \{a|k|sen(a|k|t) - a|k|sen(a|k|t')\} \, \widehat{\phi}(k) \right|^2 \\
&= 2\pi \sum_{0 \neq k=-\infty}^{+\infty} (1+k^2)^{s-1} a^2 |k|^2 \underbrace{\left| \{sen(a|k|t) - sen(a|k|t')\} \right|^2}_{M_3(t):=} \left| \widehat{\phi}(k) \right|^2.
\end{aligned}$$

$$\tag{4.29}$$

Se observa que $\lim_{t \to t'} M_3(t) = 0$. Ahora, necesitamos de la convergencia uniforme de la serie para el intercambio de límites. Para eso, tomamos el k-ésimo término de la serie y lo mayoramos por una serie convergente, i.e.

$$\begin{aligned}
I_{k,t} &:= (1+k^2)^{s-1} a^2 |k|^2 |M_3(t)|^2 \left| \widehat{\phi}(k) \right|^2 \\
&= (1+k^2)^s a^2 |sen(a|k|t) - sen(a|k|t')|^2 |\widehat{\phi}(k)|^2 \\
&\leq 4a^2 (1+k^2)^s |\widehat{\phi}(k)|^2.
\end{aligned}$$

Así,

$$2\pi \sum_{0 \neq k=-\infty}^{+\infty} I_{k,t} \leq 4a^2 (2\pi) \sum_{0 \neq k=-\infty}^{+\infty} (1+k^2)^s |\widehat{\phi}(k)|^2 \leq 4a^2 \|\phi\|_s^2 < \infty,$$

y usando el Teorema del M-Test de Weierstrass tenemos que la serie converge uniformemente. Luego, está permitido el intercambio de límite, esto es,

$$\lim_{t \to t'} \|\partial_t C(t)\phi - \partial_t C(t')\phi\|_{s-1}^2 = 2\pi \sum_{0 \neq k=-\infty}^{+\infty} \underbrace{\lim_{t \to t'} I_{k,t}}_{=0} = 0.$$

De modo análogo se demuestra que

$$\lim_{t \to t'} \|\partial_t C(t)\phi - \partial_t C(t')\phi\|_{r-1}^2 = 0\,, \ \forall r \le s.$$

$\square$

Observación 4.2 *Se observa lo siguiente*

1. *La igualdad (4.21) para $r = s$ nos dice que $\partial_t C(t)\phi = -a|D|sen(a|D|t)\phi$ en H_{per}^{s-1}.*

2. *También, la igualdad (4.22) para $r = s$ nos dice $\partial_t^2 C(t)\phi = -a^2|D|^2 C(t)\phi$ en H_{per}^{s-2}.*

3. *La familia $\{C(t)\}_{t \in \mathbb{R}}$ es conocida como la familia de operadores cosenos.*

4.2. Existencia de solución global de la ecuación de onda homogénea

Aquí, enunciaremos y probaremos que la ecuación de onda homogénea en espacios de Sobolev periódico posee solución.

Teorema 4.3 (Existencia de Solución) *Sea s un número real fijo y el problema*

$$(P_2) \quad \left|\begin{array}{l} u \in C([0,\infty), H_{per}^s) \cap C^1([0,\infty), H_{per}^{s-1}) \\ \partial_t^2 u - a^2 \partial_x^2 u = 0 \in H_{per}^{s-2} \\ u(0) = \phi \in H_{per}^s \\ \partial_t u(0) = \psi \in H_{per}^{s-1} \end{array}\right.$$

con $a > 0$, entonces existe una única $u \in C([0,\infty), H_{per}^s) \cap C^1([0,\infty), H_{per}^{s-1})$ solución de (P_2).

Demostración.- Estructuramos la prueba en siete etapas.

1. Primero obtendremos el candidato a solución. Para conseguir ese candidato tomamos la transformada de Fourier a la ecuación

$$\partial_t^2 u \ = \ a^2 \partial_x^2 u$$

y conseguimos

$$\partial_t^2 \widehat{u} \;=\; -a^2 k^2 \widehat{u} \,,$$

la cual, para cada $k \in \mathbb{Z}$, es una EDO con datos iniciales $\widehat{u}(k,0) = \widehat{\phi}(k)$ y $\partial_t \widehat{u}(k,0) = \widehat{\psi}(k)$.

Así, planteamos un sistema no acoplado de ecuaciones diferenciales ordinarias de segundo orden, i. e. los PVI's

$$(\Omega_k) \left|
\begin{array}{l}
\widehat{u} \in C([0,+\infty), l_s^2(\mathbb{Z})) \\
\partial_t^2 \widehat{u}(k,t) = -a^2 k^2 \widehat{u}(k,t) \\
\widehat{u}(k,0) = \widehat{\phi}(k) \text{ con } \widehat{\phi} \in l_s^2(\mathbb{Z}) \\
\partial_t \widehat{u}(k,0) = \widehat{\psi}(k) \text{ con } \widehat{\psi} \in l_{s-1}^2(\mathbb{Z}) \,,
\end{array}
\right.$$

$\forall k \in \mathbb{Z}$, que resolvemos para los siguientes casos:

Caso $k = 0$: La EDO a resolver es $\partial_t^2 \widehat{u}(0,t) = 0$, luego la solución es $\widehat{u}(0,t) = ct+d$, con constantes c y d por determinar. Usando el primer dato inicial obtenemos $\widehat{\phi}(0) = \widehat{u}(0,0) = d$.

También, como $\partial_t \widehat{u}(0,t) = c$, usando el segundo dato inicial obtenemos $\widehat{\psi}(0) = \partial_t \widehat{u}(0,0) = c$.

Luego,

$$\widehat{u}(0,t) = \widehat{\psi}(0)t + \widehat{\phi}(0) \,.$$

Caso $k \neq 0$: Tenemos el polinomio caracteristico $P(r) := r^2 + a^2 |k|^2$, luego las raices de P (i.e. resolviendo $P(r) = 0$) son $r = \pm a|k|i$.

Así, obtenemos

$$\widehat{u}(k,t) = A_k cos(a|k|t) + B_k sen(a|k|t),$$

donde A_k y B_k son constantes por determinar. Usando el primer dato inicial obtenemos $\widehat{\phi}(k) = \widehat{u}(k,0) = A_k$.

De la igualdad

$$\partial_t \widehat{u}(k,t) = -A_k a|k| sen(a|k|t) + B_k a|k| cos(a|k|t) \,,$$

con la evaluación en $t = 0$ y usando el segundo dato inicial, obtenemos:

$$\widehat{\psi}(k) = \partial_t \widehat{u}(k,0) = B_k a|k| \,.$$

Ahora, como $k \neq 0$, obtenemos $B_k = \frac{\widehat{\psi}(k)}{a|k|}$.

Finalmente,

$$\widehat{u}(k,t) = \widehat{\phi}(k)cos(a|k|t) + \widehat{\psi}(k)\frac{sen(a|k|t)}{a|k|}.$$

Resumiendo, hemos conseguido lo siguiente

$$\hat{u}(k,t) = \begin{cases} cos(a|k|t)\widehat{\phi}(k) + \frac{sen(a|k|t)}{a|k|}\widehat{\psi}(k)\,, & \text{si } k \neq 0 \\ \widehat{\phi}(0) + t\widehat{\psi}(0)\,, & \text{si } k = 0 \end{cases},$$

de donde obtenemos nuestro candidato a solución:

$$\begin{aligned}
u(t) &= \sum_{k=-\infty}^{+\infty} \hat{u}(k,t)\phi_k \\
&= \widehat{\phi}(0) + t\widehat{\psi}(0) + \sum_{0\neq k=-\infty}^{+\infty} cos(a|k|t)\widehat{\phi}(k)\phi_k \\
&\quad + \sum_{0\neq k=-\infty}^{+\infty} \frac{sen(a|k|t)}{a|k|}\widehat{\psi}(k)\phi_k \\
&= \sum_{k=-\infty}^{+\infty} cos(a|k|t)\widehat{\phi}(k)\phi_k \\
&\quad + \sum_{k=-\infty}^{+\infty} \frac{sen(a|k|t)}{a|k|}\widehat{\psi}(k)\phi_k\,, \tag{4.30}
\end{aligned}$$

donde estamos denotando $\phi_k(x) = e^{ikx}$ y usando la convención considerada en (4.2): $\left.\frac{sen(a|k|t)}{a|k|}\right|_{k=0} = t.$

2. De (4.30) tenemos

$$u(t) = C(t)\phi + W(t)\psi = \partial_t W(t)\phi + W(t)\psi \in H_{per}^s\,.$$

3. $u(0) = C(0)\phi + W(0)\psi = \phi + 0 = \phi.$

4. Usando los teoremas previos, específicamente las igualdades (4.11) y (4.22) para $r = s$, tenemos que $u(t) = C(t)\phi + W(t)\psi$ satisface en H_{per}^{s-2}:

$$\begin{aligned}
\partial_t^2 u(t) &= \partial_t^2 C(t)\phi + \partial_t^2 W(t)\psi \\
&= a^2\partial_x^2 C(t)\phi + a^2\partial_x^2 W(t)\psi \\
&= a^2\partial_x^2\{C(t)\phi + W(t)\psi\} \\
&= a^2\partial_x^2 u(t)\,.
\end{aligned}$$

Esto es, satisface la ecuación de la onda:

$$\partial_t^2 u(t) - a^2 \partial_x^2 u(t) = 0 \in H_{per}^{s-2}$$

en el sentido:

$$\lim_{h \to 0} \left\| \frac{\partial_t u(t+h) - \partial_t u(t)}{h} + a^2 |D|^2 u(t) \right\|_{s-2} = 0. \tag{4.31}$$

5. También, usando los teoremas previos obtenemos:

$$\partial_t u(0) = \partial_t C(0)\phi + \partial_t W(0)\psi = 0 + \psi = \psi.$$

6. De (4.9) y (4.20) para $r = s$, obtenemos que $u \in C([0, \infty), H_{per}^s)$. En efecto,

$$
\begin{aligned}
0 \leq \|u(t) - u(t')\|_s &= \|C(t)\phi + W(t)\psi - \{C(t')\phi + W(t')\psi\}\|_s \\
&= \|\{C(t)\phi - C(t')\phi\} + \{W(t)\psi - W(t')\psi\}\|_s \\
&\leq \|C(t)\phi - C(t')\phi\|_s + \|W(t)\psi - W(t')\psi\|_s,
\end{aligned}
$$

tomando límite cuando $t \to t'$ tenemos

$$
\begin{aligned}
0 \leq \lim_{t \to t'} \|u(t) - u(t')\|_s &\leq \lim_{t \to t'} \|C(t)\phi - C(t')\phi\|_s + \lim_{t \to t'} \|W(t)\psi - W(t')\psi\|_s \\
&= 0 + 0 = 0.
\end{aligned}
$$

Por lo tanto, $\lim_{t \to t'} \|u(t) - u(t')\|_s = 0$.

7. Similarmente, usando (4.20) para $r = s$ y (4.28), la inmersión $H_{per}^s \subset H_{per}^{s-1}$ y que

$$\partial_t u(t) = \partial_t \{C(t)\phi + W(t)\psi\} = \partial_t C(t)\phi + \partial_t W(t)\psi = \partial_t C(t)\phi + C(t)\psi,$$

se logra demostrar que $\partial_t u \in C([0, \infty), H_{per}^{s-1})$. En efecto,

$$
\begin{aligned}
0 \leq \|\partial_t u(t) - \partial_t u(t')\|_{s-1} \\
= \|a|D|sen(a|D|t)\phi + C(t)\psi - \{a|D|sen(a|D|t')\phi + C(t')\psi\}\|_{s-1} \\
= \|\{a|D|sen(a|D|t)\phi - a|D|sen(a|D|t')\phi\} + \{C(t)\psi - C(t')\psi\}\|_{s-1} \\
\leq \|a|D|sen(a|D|t)\phi - a|D|sen(a|D|t')\phi\|_{s-1} + \|C(t)\psi - C(t')\psi\|_{s-1} \\
= \|\partial_t C(t)\phi - \partial_t C(t')\phi\|_{s-1} + \|C(t)\psi - C(t')\psi\|_{s-1},
\end{aligned}
$$

tomando límite cuando $t \to t'$ tenemos

$$
\begin{aligned}
0 &\leq \lim_{t \to t'} \|\partial_t u(t) - \partial_t u(t')\|_{s-1} \\
&\leq \lim_{t \to t'} \|\partial_t C(t)\phi - \partial_t C(t')\phi\|_{s-1} + \lim_{t \to t'} \|C(t)\psi - C(t')\psi\|_{s-1} \\
&= 0 + 0 = 0.
\end{aligned}
$$

Por lo tanto, $\lim_{t \to t'} \|\partial_t u(t) - \partial_t u(t')\|_{s-1} = 0$.

$\square$

Como consecuencia tenemos el siguiente resultado

Corolario 4.1 *La única solución de (P_2) es*

$$
u(x,t) = \sum_{k=-\infty}^{+\infty} cos(a|k|t)\widehat{\phi}(k)e^{ikx} + \sum_{k=-\infty}^{+\infty} \frac{sen(a|k|t)}{a|k|}\widehat{\psi}(k)e^{ikx},
$$

donde estamos considerando la convención (4.2): $\left.\frac{sen(a|k|t)}{a|k|}\right|_{k=0} = t$.

4.3. Dependencia continua de la solución de (P_2)

El siguiente resultado nos da la dependencia continua de la solución respecto a los datos iniciales.

Proposición 4.2 *Sea $T > 0$, la solución de (P_2) satisface:*

$$
\|u(t)\|_{H_{per}^s} \leq \widetilde{C}\|(\phi,\psi)\|_{H_{per}^s \times H_{per}^{s-1}}, \quad \forall t \in [0,T], \tag{4.32}
$$

$$
\sup_{t \in [0,T]} \|u(t)\|_{H_{per}^s} \leq \widetilde{C}\|(\phi,\psi)\|_{H_{per}^s \times H_{per}^{s-1}}, \tag{4.33}
$$

donde $\widetilde{C} := \max\left\{1, \sqrt{\max\left\{T^2, \frac{2}{a^2}\right\}}\right\} > 0$.
Además,

$$
\|\partial_t u(t)\|_{H_{per}^{s-1}} \leq (a+1)\|(\phi,\psi)\|_{H_{per}^s \times H_{per}^{s-1}} \ \forall t \in [0,\infty), \tag{4.34}
$$

$$
\sup_{t \in [0,+\infty)} \|\partial_t u(t)\|_{H_{per}^{s-1}} \leq (a+1)\|(\phi,\psi)\|_{H_{per}^s \times H_{per}^{s-1}}. \tag{4.35}
$$

Demostración.- La desigualdad (4.32) se obtiene directamente de $u(t) = C(t)\phi + W(t)\psi$ y las cuentas hechas para probar que $C(t)\phi \in H_{per}^s$ y $W(t)\psi \in H_{per}^s$, para

$\phi \in H^s_{per}$ y $\psi \in H^{s-1}_{per}$ respectivamente.

Por otro lado, afirmamos que para $\phi \in H^s_{per}$ vale

$$\|\partial_t C(t)\phi\|_{s-1} \leq a\|\phi\|_s \quad \forall t \in \mathbb{R}. \tag{4.36}$$

En efecto, usando el hecho que $|k|^2 \leq 1 + |k|^2$, $\forall k \in \mathbb{Z}$ y que la función seno está acotada por 1, obtenemos:

$$
\begin{aligned}
\|\partial_t C(t)\phi\|^2_{s-1} &= 2\pi \sum_{k=-\infty}^{+\infty} (1+k^2)^{s-1}|a|k|sen(a|k|t)\widehat{\phi}(k)|^2 \\
&= a^2 2\pi \sum_{k=-\infty}^{+\infty} (1+k^2)^{s-1}|k|^2|sen(a|k|t)|^2|\widehat{\phi}(k)|^2 \\
&\leq a^2 2\pi \sum_{k=-\infty}^{+\infty} (1+k^2)^s|\widehat{\phi}(k)|^2 \\
&= a^2\|\phi\|^2_s.
\end{aligned}
$$

La desigualdad (4.34) sigue de $\partial_t u(t) = \partial_t C(t)\phi + C(t)\psi$ y de la desigualdad (4.36).

$\square$

Corolario 4.2 (Dependencia continua de la solución sobre Compactos) *La solución de la ecuación de la onda depende continuamente respecto a los datos iniciales, en intervalos compactos $[0,T]$, con $T > 0$. Además, la aplicación:*

$$
\begin{aligned}
: H^s_{per} \times H^{s-1}_{per} &\longrightarrow C([0,\infty), H^{s-1}_{per}) \\
(\phi, \psi) &\longrightarrow \partial_t u, \quad \textit{donde } u \textit{ es solución de } (P_2),
\end{aligned}
$$

es continua.

Demostración.- Su prueba es consecuencia inmediata de la Proposición anterior.

$\square$

4.4. La energía asociada a la ecuación de onda

El siguiente Lema nos permitirá deducir la unicidad de solución de la ecuación de onda.

Definición 4.1 (La energía asociada a la ecuación de onda) *Sea a constante positiva, $T > 0$ y $u \in C([0,T], H^s_{per}) \cap C^1([0,T], H^{s-1}_{per})$ tal que*

$$\partial_t^2 u(t) = a^2 \partial_x^2 u(t) \in H^{s-2}_{per} \tag{4.37}$$

con dato inicial en $H^s_{per} \times H^{s-1}_{per}$.
Ahora, definamos la energía asociada al sistema (4.37) como

$$E_s(t) = E_s(t,u) := \left\| \frac{1}{a} \partial_t u(t) \right\|_{s-2}^2 + \| \partial_x u(t) \|_{s-2}^2 .$$

Lema 4.1 $\partial_t E_s(t) = 0 \; \forall t \in [0,T]$.
Esto implica que $E_s(t) = E_s(0) \; \forall t \in [0,T]$, esto es, la energía se conserva.

Demostración.-

$$\frac{E_s(t+h) - E_s(t)}{h}$$

$$= \frac{1}{h} \left\{ \| \tfrac{1}{a} \partial_t u(t+h) \|_{s-2}^2 + \| \partial_x u(t+h) \|_{s-2}^2 \right.$$

$$\left. - \| \tfrac{1}{a} \partial_t u(t) \|_{s-2}^2 - \| \partial_x u(t) \|_{s-2}^2 \right\}$$

$$= \frac{1}{h} \left\{ < \tfrac{1}{a} \partial_t u(t+h), \tfrac{1}{a} \partial_t u(t+h) > + < \partial_x u(t+h), \partial_x u(t+h) > \right.$$

$$\left. - < \tfrac{1}{a} \partial_t u(t), \tfrac{1}{a} \partial_t u(t) > - < \partial_x u(t), \partial_x u(t) > \right\}$$

$$= < \tfrac{1}{a} \partial_t u(t+h), \frac{1}{a} \frac{\partial_t u(t+h)}{h} > + < \partial_x u(t+h), \frac{\partial_x u(t+h)}{h} >$$

$$- < \frac{1}{a} \frac{\partial_t u(t)}{h}, \tfrac{1}{a} \partial_t u(t) > - < \frac{\partial_x u(t)}{h}, \partial_x u(t) >$$

$$= \underbrace{ < \tfrac{1}{a} \partial_t u(t+h), \frac{1}{a} \frac{\partial_t u(t+h)}{h} > - < \frac{1}{a} \frac{\partial_t u(t)}{h}, \tfrac{1}{a} \partial_t u(t) > }_{I_1(h):=}$$

$$\underbrace{ + < \partial_x u(t+h), \frac{\partial_x u(t+h)}{h} > - < \frac{\partial_x u(t)}{h}, \partial_x u(t) > }_{I_2(h):=} , \tag{4.38}$$

$$\begin{aligned} I_1(h) &= < \tfrac{1}{a} \partial_t u(t+h), \frac{1}{a} \frac{\partial_t u(t+h) \pm \partial_t u(t)}{h} > - < \frac{1}{a} \frac{\partial_t u(t)}{h}, \tfrac{1}{a} \partial_t u(t) > \\ &= < \tfrac{1}{a} \partial_t u(t+h), \frac{1}{a} \frac{\partial_t u(t+h) - \partial_t u(t)}{h} > \end{aligned}$$

88

$$+ < \frac{1}{a}\partial_t u(t+h), \frac{1}{a}\frac{\partial_t u(t)}{h} > - < \frac{1}{a}\frac{\partial_t u(t)}{h}, \frac{1}{a}\partial_t u(t) >$$

$$= < \frac{1}{a}\partial_t u(t+h), \frac{1}{a}\frac{\partial_t u(t+h) - \partial_t u(t)}{h} >$$

$$+ < \frac{1}{a}\frac{\partial_t u(t+h) - \partial_t u(t)}{h}, \frac{1}{a}\partial_t u(t) >$$

entonces

$$\lim_{h \to 0} I_1(h) = < \frac{1}{a}\partial_t u(t), \frac{1}{a}\partial_t^2 u(t) > + < \frac{1}{a}\partial_t^2 u(t), \frac{1}{a}\partial_t u(t) > .$$

Para el caso real tenemos

$$\lim_{h \to 0} I_1(h) = 2 < \frac{1}{a}\partial_t u(t), \frac{1}{a}\partial_t^2 u(t) > = 2 < \partial_t u(t), \frac{1}{a^2}\partial_t^2 u(t) > = 2 < \partial_t u(t), \partial_x^2 u(t) > .$$

$$\begin{aligned}
I_2(h) &= < \partial_x u(t+h), \frac{\partial_x u(t+h) \pm \partial_x u(t)}{h} > - < \frac{\partial_x u(t)}{h}, \partial_x u(t) > \\
&= < \partial_x u(t+h), \frac{\partial_x u(t+h) - \partial_x u(t)}{h} > + < \partial_x u(t+h), \frac{\partial_x u(t)}{h} > \\
&\quad - < \frac{\partial_x u(t)}{h}, \partial_x u(t) > \\
&= < \partial_x u(t+h), \frac{\partial_x u(t+h) - \partial_x u(t)}{h} > \\
&\quad + < \frac{\partial_x u(t+h) - \partial_x u(t)}{h}, \partial_x u(t) >,
\end{aligned}$$

entonces

$$\lim_{h \to 0} I_2(h) = < \partial_x u(t), \partial_t \partial_x u(t) > + < \partial_t \partial_x u(t), \partial_x u(t) > .$$

Para el caso real tenemos:

$$\begin{aligned}
\lim_{h \to 0} I_2(h) &= 2 < \partial_x u(t), \partial_t \partial_x u(t) > \\
&= 2 \lim_{h \to 0} < \partial_x u(t), \frac{\partial_x u(t+h) - \partial_x u(t)}{h} > \\
&= -2 \lim_{h \to 0} < \partial_x^2 u(t), \frac{u(t+h) - u(t)}{h} > \\
&= -2 < \partial_x^2 u(t), \partial_t u(t) > .
\end{aligned}$$

Así, para el caso real, obtenemos

$$\begin{aligned}
\lim_{h \to 0} \frac{E_s(t+h) - E_s(t)}{h} &= \lim_{h \to 0} I_1(h) + \lim_{h \to 0} I_2(h) \\
&= 2 < \partial_t u(t), \partial_x^2 u(t) > - 2 < \partial_x^2 u(t), \partial_t u(t) > \\
&= 0 .
\end{aligned}$$

$\square$

Como consecuencia inmediata de este Lema obtenemos los siguientes resultados de unicidad de solución.

Corolario 4.3 *Existe a lo más una solución de la ecuación de onda no-homogénea (i.e. con no homogeneidad $F \not\equiv 0$).*

Demostración.- Sean $u, \widetilde{u}$ soluciones locales de (P_2^F) entonces $w := u - \widetilde{u}$ es solución de la ecuación de onda homogénea (P_2) con datos iniciales $w(0) = 0$ y $\partial_t w(0) = 0$. Usando el Lema previo tenemos que $\partial_t E_s(t, w) = 0 \; \forall t \in [0, T]$, esto es,

$$
\begin{aligned}
E_s(t, w) &= E_s(0, w) \\
&= \|\frac{1}{a}\partial_t w(0)\|_{s-2}^2 + \|\partial_x w(0)\|_{s-2}^2 \\
&= 0.
\end{aligned}
$$

Luego, $\|\frac{1}{a}\partial_t w(t)\|_{s-2}^2 = 0$ y $\|\partial_x w(t)\|_{s-2}^2 = 0$, de donde tenemos que en H_{per}^{s-2} se tiene $\partial_t w(t) = 0$, $\forall t \in [0, T]$ y $\partial_x w(t) = 0$, $\forall t \in [0, T]$. Así, $w(t) = c$, $\forall t \in [0, T]$, con c constante independiente de t y x. Esto es, $c = w(t) = w(0) = 0 \in H_{per}^s$, luego $u(t) = \widetilde{u}(t)$, $\forall t \in [0, T]$.

$\square$

Corolario 4.4 *Existe a lo más una solución de la ecuación de onda homogénea $(F \equiv 0)$.*

Demostración.- Sean $u, \widetilde{u}$ soluciones de (P_2) entonces $w := u - \widetilde{u}$ es también solución de la ecuación de onda homogénea (P_2) con datos iniciales $w(0) = 0$ y $\partial_t w(0) = 0$. Usando el Lema previo tenemos que $\partial_t E_s(t, w) = 0 \; \forall t \in [0, T]$, esto es,

$$
\begin{aligned}
E_s(t, w) &= E_s(0, w) \\
&= \|\frac{1}{a}\partial_t w(0)\|_{s-2}^2 + \|\partial_x w(0)\|_{s-2}^2 \\
&= 0.
\end{aligned}
$$

Luego, $\|\frac{1}{a}\partial_t w(t)\|_{s-2}^2 = 0$ y $\|\partial_x w(t)\|_{s-2}^2 = 0$, de donde tenemos que en H_{per}^{s-2} se tiene $\partial_t w(t) = 0$, $\forall t \in [0, T]$ y $\partial_x w(t) = 0$, $\forall t \in [0, T]$. Así, $w(t) = c$, $\forall t \in [0, T]$, con c constante independiente de t y x. Esto es, $c = w(t) = w(0) = 0$, luego $u(t) = \widetilde{u}(t)$.

$\square$

4.5. Existencia de solución particular de la ecuación de onda no homogénea

A continuación ponemos en evidencia una solución particular de la ecuación de onda no homogénea con datos iniciales nulos.

Teorema 4.4 *Sea* $a > 0$, $s \in \mathbb{R}$ *fijado,* $\mathcal{G} \in C([0,T], H^{s-1}_{per})$, W *definido en proposición 4.1 y* $u_p(t) := \int_0^t W(t-\tau)\mathcal{G}(\tau)d\tau$. *Entonces*

$$u_p \in C([0,T], H^r_{per}) \cap C^1([0,T], H^{r-1}_{per}), \ \forall r \leq s.$$

Lograndose obtener: $\partial_t u_p(t) = \int_0^t \partial_t W(t-\tau)\mathcal{G}(\tau)d\tau$ *con respecto a la norma de* H^{r-1}_{per}, $\forall r \leq s$.

Además, $u_p(t)$ *satisface*

$$(P_{2,p}) \left| \begin{array}{l} u_p \in C([0,T], H^s_{per}) \cap C^1([0,T], H^{s-1}_{per}) \\ \partial_t^2 u_p(t) - a^2 \partial_x^2 u_p(t) = \mathcal{G}(t) \in H^{s-2}_{per} \\ u_p(0) = 0 \\ \partial_t u_p(0) = 0 \end{array} \right.$$

con la segunda derivada calculada en la norma de H^{s-2}_{per}.

Demostración.- Probaremos que u_p es continua. En efecto, para $t < t'$ y $\tau \in (t, t')$

$$\begin{aligned}
\|u_p(t) &- u_p(t')\|_s \\
&= \left\| \int_0^t W(t-\tau)\mathcal{G}(\tau)d\tau - \int_0^{t'} W(t'-\tau)\mathcal{G}(\tau)d\tau \right\|_s \\
&\leq \left\| \int_0^t \{W(t-\tau) - W(t'-\tau)\}\mathcal{G}(\tau)d\tau \right\|_s + \left\| \int_t^{t'} W(t'-\tau)\mathcal{G}(\tau)d\tau \right\|_s \\
&\leq \int_0^t \|\{W(t-\tau) - W(t'-\tau)\}\mathcal{G}(\tau)\|_s d\tau + \int_t^{t'} \|W(t'-\tau)\mathcal{G}(\tau)\|_s d\tau.
\end{aligned}$$

$$(4.39)$$

Conseguimos:

$$\int_0^t \|\{W(t-\tau) - W(t'-\tau)\}\mathcal{G}(\tau)\|_s d\tau < \epsilon \int_0^t d\tau = \epsilon t \leq \epsilon T, \qquad (4.40)$$

siempre que $|t - t'| < \delta$.

También, obtenemos:

$$\int_t^{t'} \|W(t' - \tau)\mathcal{G}(\tau)\|_s d\tau \; < \; \int_t^{t'} \sqrt{\max\{(t' - \tau)^2, \frac{2}{a^2}\}} \|\mathcal{G}(\tau)\|_{s-1} d\tau$$

$$\leq \; \sqrt{\max\{(t' - t)^2, \frac{2}{a^2}\}} \sup_{\tau \in [0,T]} \|\mathcal{G}(\tau)\|_{s-1} \int_t^{t'} d\tau$$

$$\leq \; \sqrt{\max\{(t' - t)^2, \frac{2}{a^2}\}} (t' - t) \sup_{\tau \in [0,T]} \|\mathcal{G}(\tau)\|_{s-1} .$$

$$(4.41)$$

Usando (4.40) y (4.41) en (4.39) obtenemos

$$\lim_{t \to t'} \|u_p(t) - u_p(t')\|_s = 0 .$$

Vía inmersiones en espacios de Sobolev, probamos análogamente que

$$\lim_{t \to t'} \|u_p(t) - u_p(t')\|_r = 0 , \; \forall r \leq s .$$

También, tenemos en H_{per}^{s-1}:

$$\partial_t u_p(t) = \underbrace{W(t - t)\mathcal{G}(t)}_{=0} - W(t-0)\mathcal{G}(0) \cdot 0 + \int_0^t \partial_t W(t-\tau)\mathcal{G}(\tau)d\tau = \int_0^t \partial_t W(t-\tau)\mathcal{G}(\tau)d\tau .$$

Similarmente, vale $\partial_t u_p(t) = \int_0^t \partial_t W(t - \tau)\mathcal{G}(\tau)d\tau$ en H_{per}^{r-1}, $\forall r \leq s$.

Ahora, probaremos que $\partial_t u_p$ es continua. Para $t < t'$ y $\tau \in (t, t')$

$$\|\partial_t u_p(t) - \partial_t u_p(t')\|_{s-1}$$

$$= \left\| \int_0^t \partial_t W(t - \tau)\mathcal{G}(\tau)d\tau - \int_0^{t'} \partial_t W(t' - \tau)\mathcal{G}(\tau)d\tau \right\|_{s-1}$$

$$\leq \left\| \int_0^t \{\partial_t W(t - \tau) - \partial_t W(t' - \tau)\}\mathcal{G}(\tau)d\tau \right\|_{s-1} + \left\| \int_t^{t'} \partial_t W(t' - \tau)\mathcal{G}(\tau)d\tau \right\|_{s-1}$$

$$\leq \int_0^t \|\{\partial_t W(t - \tau) - \partial_t W(t' - \tau)\}\mathcal{G}(\tau)\|_{s-1}d\tau + \int_t^{t'} \|\partial_t W(t' - \tau)\mathcal{G}(\tau)\|_{s-1}d\tau .$$

$$(4.42)$$

Conseguimos:

$$\int_0^t \|\{\partial_t W(t - \tau) - \partial_t W(t' - \tau)\}\mathcal{G}(\tau)\|_{s-1}d\tau < \epsilon \int_0^t d\tau = \epsilon t \leq \epsilon T. \qquad (4.43)$$

siempre que $|t - t'| < \delta$.

También, obtenemos

$$
\begin{aligned}
\int_t^{t'} \|\partial_t W(t' - \tau)\mathcal{G}(\tau)\|_{s-1} d\tau &\leq \int_t^{t'} \|\mathcal{G}(\tau)\|_{s-1} d\tau \\
&\leq \sup_{\tau \in [0,T]} \|\mathcal{G}(\tau)\|_{s-1} \int_t^{t'} d\tau \\
&\leq (t' - t) \sup_{\tau \in [0,T]} \|\mathcal{G}(\tau)\|_{s-1}.
\end{aligned} \tag{4.44}
$$

Usando (4.43) y (4.44) en (4.42) obtenemos que

$$
\lim_{t \to t'} \|\partial_t u_p(t) - \partial_t u_p(t')\|_{s-1} = 0.
$$

Vía inmersiones en H_{per}^s, probamos análogamente que

$$
\lim_{t \to t'} \|\partial_t u_p(t) - \partial_t u_p(t')\|_{r-1} = 0,
$$

$\forall r \leq s$.

Finalmente, tenemos en H_{per}^{s-2}

$$
\begin{aligned}
\partial_t^2 u_p(t) &= \underbrace{\partial_t W(t - t)\mathcal{G}(t)}_{=\mathcal{G}(t)} - W(t - 0)\mathcal{G}(0) \cdot 0 + \int_0^t \partial_t^2 W(t - \tau)\mathcal{G}(\tau) d\tau \\
&= \mathcal{G}(t) + \int_0^t \partial_t^2 W(t - \tau)\mathcal{G}(\tau) d\tau \\
&= \mathcal{G}(t) + a^2 \int_0^t \partial_x^2 W(t - \tau)\mathcal{G}(\tau) d\tau \\
&= \mathcal{G}(t) + a^2 \partial_x^2 \int_0^t W(t - \tau)\mathcal{G}(\tau) d\tau \\
&= \mathcal{G}(t) + a^2 \partial_x^2 u_p(t)
\end{aligned}
$$

y evidentemente $u_p(0) = 0$ y $u_p(0) = 0$.

$\square$

4.6. Existencia de solución local de la ecuación de onda no homogénea

Ahora, estamos listos para enunciar el siguiente Teorema de existencia de solución de la ecuación de onda no homogénea.

Teorema 4.5 (Existencia de solución local) *Sea $T > 0$, $a > 0$, $s \in \mathbb{R}$ fijado y $F \in C([0,T], H_{per}^s)$*

$$(P_2^F) \quad \left| \begin{array}{l} \partial_t^2 u - a^2 \partial_x^2 u = F(t) \in H_{per}^{s-2} \\ u(0) = \phi \in H_{per}^s \\ \partial_t u(0) = \psi \in H_{per}^{s-1} \end{array} \right.$$

entonces existe una única $u \in C([0,T], H_{per}^s) \cap C^1([0,T], H_{per}^{s-1})$ solución de (P_2^F). Mejor aún, $u \in C([0,T], H_{per}^r) \cap C^1([0,T], H_{per}^{r-1})$, $\forall r \leq s$.

Demostración.- La prueba lo haremos en dos etapas.

1. Primero, obtendremos el candidato a solución. Para conseguir esto, aplicamos la transformada de Fourier a la ecuación no homogénea (P_2^F):

$$\partial_t^2 u(t) - a^2 \partial_x^2 u(t) = F(t)$$

y tenemos

$$\begin{aligned} \partial_t^2 \widehat{u}(k,t) &= a^2 (ik)^2 \widehat{u}(k,t) + \widehat{F}(k,t) \\ &= -a^2 |k|^2 \widehat{u}(k,t) + \widehat{F}(k,t) \,, \end{aligned}$$

el cual para cada $k \in \mathbb{Z}$ es una EDO no homogénea con datos iniciales $\widehat{u}(k,0) = \widehat{\phi}(k)$ y $\partial_t \widehat{u}(k,0) = \widehat{\psi}(k)$.

Así, planteamos un sistema no acoplado de ecuaciones diferenciales ordinarias de segundo orden no homogéneas.

$$(\Omega_k) \quad \left| \begin{array}{rcl} \widehat{u} &\in& C([0,T], l_s^2(\mathbb{Z})) \\ \partial_t^2 \widehat{u}(k,t) &=& -a^2 |k|^2 \widehat{u}(k,t) + \widehat{F}(k,t) \\ \widehat{u}(k,0) &=& \widehat{\phi}(k) \text{ con } \widehat{\phi} \in l_s^2(\mathbb{Z}) \\ \partial_t \widehat{u}(k,0) &=& \widehat{\psi}(k) \text{ con } \widehat{\psi} \in l_{s-1}^2(\mathbb{Z}) \end{array} \right.$$

$\forall k \in \mathbb{Z}$, que resolveremos a continuación.

Primero, observamos que la solución de (Ω_k) es de la forma:

$$\widehat{u}(k,t) = \widehat{u_h}(k,t) + \widehat{u_p}(k,t) \,, \tag{4.45}$$

donde $\widehat{u_h}$ es la solución de la ecuación homogénea de (Ω_k), esto es,

$$\left| \begin{array}{rcl} \partial_t^2 \widehat{u_h}(k,t) &=& -a^2 |k|^2 \widehat{u_h}(k,t) \\ \widehat{u_h}(k,0) &=& \widehat{\phi}(k) \\ \partial_t \widehat{u_h}(k,0) &=& \widehat{\psi}(k) \end{array} \right. \tag{4.46}$$

y $\widehat{u_p}$ es la solución particular de la ecuación no homogénea (Ω_k) con datos iniciales nulos, esto es,

$$\left| \begin{array}{rcl} \partial_t^2 \widehat{u_p}(k,t) &=& -a^2|k|^2\widehat{u_p}(k,t) + \widehat{F}(k,t) \\ \widehat{u_p}(k,0) &=& 0 \\ \partial_t\widehat{u_p}(k,0) &=& 0. \end{array} \right. \tag{4.47}$$

Para cada $k \in Z$, la EDO (4.46) fue resuelta cuando estudiamos la ecuación de onda homogénea. Así, la solución es:

$$\widehat{u_h}(k,t) = \left\{ \begin{array}{ll} cos(a|k|t)\widehat{\phi}(k) + \frac{sen(a|k|t)}{a|k|}\widehat{\psi}(k) & \text{si } k \neq 0 \\ \widehat{\phi}(0) + t\widehat{\psi}(0) & \text{si } k = 0. \end{array} \right. \tag{4.48}$$

Para resolver (4.47) usamos el método de Variación de Parámetros. Esto es, para $k \neq 0$, la forma explícita de la solución particular $\widehat{u_p}$ es

$$\widehat{u_p}(k,t) = A_k(t)cos(a|k|t) + B_k(t)sen(a|k|t)$$

satisfaciendo:

$$\begin{array}{rcl} A_k'(t)cos(a|k|t) + B_k'(t)sen(a|k|t) &=& 0 \\ -a|k|A_k'(t)sen(a|k|t) + a|k|B_k'(t)cos(a|k|t) &=& \widehat{F}(k,t) \end{array}$$

y

$$\begin{array}{rcl} \widehat{u_p}(k,0) &=& 0 \\ \partial_t\widehat{u_p}(k,0) &=& 0, \end{array}$$

donde $\forall k \in Z - \{0\}$, A_k y B_k son funciones por determinar.

Ahora, determinaremos las funciones A_k y B_k, $\forall k \in Z - \{0\}$. Iniciamos calculando el Wronskiano cuando $k \neq 0$:

$$\omega = \omega(cos(a|k|(\cdot)), sen(a|k|(\cdot)))(t) = \left| \begin{array}{cc} cos(a|k|t) & sen(a|k|t) \\ -a|k|sen(a|k|t) & a|k|cos(a|k|t) \end{array} \right| = a|k| \neq 0.$$

Usando la Regla de Cramer, cuando $k \neq 0$, obtenemos:

$$A_k'(t) = \frac{\left| \begin{array}{cc} 0 & sen(a|k|t) \\ \widehat{F}(k,t) & a|k|cos(a|k|t) \end{array} \right|}{a|k|} = -\frac{sen(a|k|t)}{a|k|}\widehat{F}(k,t).$$

Análogamente, si $k \neq 0$, obtenemos

$$B_k'(t) = \frac{\left| \begin{array}{cc} cos(a|k|t) & 0 \\ -a|k|sen(a|k|t) & \widehat{F}(k,t) \end{array} \right|}{a|k|} = \frac{cos(a|k|t)}{a|k|}\widehat{F}(k,t).$$

Luego, para $k \neq 0$ tenemos:

$$A_k(t) = -\int_0^t \frac{sen(a|k|\tau)}{a|k|}\widehat{F}(k,\tau)d\tau$$

y

$$B_k(t) = \int_0^t \frac{cos(a|k|\tau)}{a|k|}\widehat{F}(k,\tau)d\tau .$$

Así, usando $sen(x-y) = sen(x)cos(y) - cos(x)sen(y)$, para $k \neq 0$ obtenemos

$$\widehat{u_p}(k,t) = \int_0^t \frac{sen(a|k|(t-\tau))}{a|k|}\widehat{F}(k,\tau)d\tau .$$

Para $k = 0$ la EDO no homogénea es

$$\left|\begin{array}{rcl} \partial_t^2\widehat{u_p}(0,t) &=& \widehat{F}(0,t) \\ \widehat{u_p}(0,0) &=& 0 \\ \partial_t\widehat{u_p}(0,0) &=& 0 . \end{array}\right.$$

Iniciamos calculando el Wronskiano de $\{1,t\}$

$$\omega = \omega(1,t) = \left|\begin{array}{cc} 1 & t \\ 0 & 1 \end{array}\right| = 1 \neq 0 .$$

Usando el método de Variación de Parámetros tenemos que

$$\widehat{u_p}(0,t) = f(t) + tg(t)$$

satisfaciendo:

$$\begin{array}{rcl} f'(t) + g'(t)t &=& 0 \\ g'(t) &=& \widehat{F}(0,t) , \end{array}$$

donde f y g son las funciones a determinar.

Así, $f'(t) = -t\widehat{F}(0,t)$ y $g'(t) = \widehat{F}(0,t)$, de donde obtenemos:

$$f(t) = -\int_0^t \tau\widehat{F}(0,\tau)d\tau$$

y

$$g(t) = \int_0^t \widehat{F}(0,\tau)d\tau ,$$

respectivamente.

Luego, para $k = 0$:

$$\widehat{u_p}(0,t) = \int_0^t (t-\tau)\widehat{F}(0,\tau)d\tau ,$$

satisfaciendo las condiciones iniciales nulas.

En resumen tenemos

$$\widehat{u}_p(k,t) = \begin{cases} \int_0^t \frac{sen(a|k|(t-\tau))}{a|k|} \widehat{F}(k,\tau)d\tau & \text{si } k \neq 0 \\ \int_0^t (t-\tau)\widehat{F}(0,\tau)d\tau & \text{si } k = 0 \,. \end{cases} \tag{4.49}$$

De (4.48) y (4.49) en (4.45), conseguimos el candidato a solución de (P_2^F):

$$\begin{aligned} u(t) &= \sum_{k=-\infty}^{+\infty} \widehat{u}(k,t)\phi_k \\ &= \sum_{k=-\infty}^{+\infty} \{\widehat{u_h}(k,t) + \widehat{u_p}(k,t)\}\phi_k \\ &= \underbrace{\sum_{k=-\infty}^{+\infty} \widehat{u_h}(k,t)\phi_k}_{u_h(t):=} + \underbrace{\sum_{k=-\infty}^{+\infty} \widehat{u_p}(k,t)\phi_k}_{u_p(t):=} \end{aligned} \tag{4.50}$$

donde u_h es solución de la ecuación homogénea de (P_2^F), que ya fue probado anteriormente, y u_p es la solución particular de (P_2^F) con condiciones nulas, que fue probado en el teorema previo y consideramos $\mathcal{G} := F \in C([0,T], H_{per}^s) \subset C([0,T], H_{per}^{s-1})$ donde debemos notar que

$$\begin{aligned} u_p(t) &:= \sum_{k=-\infty}^{+\infty} \widehat{u}_p(k,t)\phi_k \\ &= \int_0^t (t-\tau)\widehat{F}(0,\tau)d\tau + \sum_{0\neq k=-\infty}^{+\infty} \int_0^t \frac{sen(a|k|(t-\tau))}{a|k|}\widehat{F}(k,\tau)d\tau\,\phi_k \\ &= \int_0^t (t-\tau)\widehat{F}(0,\tau)d\tau + \int_0^t \sum_{0\neq k=-\infty}^{+\infty} \frac{sen(a|k|(t-\tau))}{a|k|}\widehat{F}(k,\tau)\phi_k d\tau \\ &= \int_0^t W(t-\tau)F(\tau)d\tau\,. \end{aligned} \tag{4.51}$$

2. Observamos que $u(t) \in H_{per}^s$. Además, como u_h, $u_p \in C([0,T], H_{per}^s)$, entonces $u = u_h + u_p \in C([0,T], H_{per}^s)$. Similarmente, como u_h, $u_p \in C^1([0,T], H_{per}^{s-1})$, entonces $u = u_h + u_p \in C^1([0,T], H_{per}^{s-1})$.

Similarmente, se prueba que $u = u_h + u_p \in C([0,T], H_{per}^r) \cap C^1([0,T], H_{per}^{r-1})$, $\forall r \leq s$.

También, u satisface en H_{per}^{s-2}:

$$\partial_t^2 u(t) = \partial_t^2 \{u_h(t) + u_p(t)\}$$

$$
\begin{aligned}
&= \partial_t^2 u_h(t) + \partial_t^2 u_p(t) \\
&= a^2 \partial_x^2 u_h(t) + \{a^2 \partial_x^2 u_p(t) + F(t)\} \\
&= a^2 \partial_x^2 u(t) + F(t)
\end{aligned}
$$

y

$$
\begin{aligned}
u(0) &= u_h(0) + u_p(0) = \phi + 0 = \phi\,, \\
\partial_t u(0) &= \partial_t u_h(0) + \partial_t u_p(0) = \psi + 0 = \psi\,.
\end{aligned}
$$

$\square$

Corolario 4.5 *La única solución de (P_2^F) es*

$$
u(t,x) = \widehat{\phi}(0) + t\widehat{\psi}(0) + \int_0^t (t-\tau)\widehat{F}(0,\tau)d\tau + \sum_{0 \neq k = -\infty}^{+\infty} \{\widehat{u_h}(k,t) + \widehat{u_p}(k,t)\}e^{ikx}\,,
$$

donde $\widehat{u_h}(k,t)$ y $\widehat{u_p}(k,t)$ están expresados en (4.48) y (4.49) respectivamente.

4.7. Dependencia continua de la solución de (P_2^F)

A continuación enunciaremos y probaremos la dependencia continua de la solución de (P_2^F) respecto a los datos iniciales y a la no homogeneidad F.

Teorema 4.6 (Dependencia continua de la solución respecto a los datos iniciales y a la no homogeneidad) *Sea $T > 0$, $a > 0$, s un número real fijado, $\varphi_j \in H_{per}^s$, $\psi_j \in H_{per}^{s-1}$, $F_j \in C([0,T], H_{per}^s)$ y denotemos por u_j a la correspondiente solución de $(P_2^{F_j})$, para $j = 1, 2$. Entonces*

$$
\sup_{t \in [0,T]} \|u_1(t) - u_2(t)\|_s \leq \|\varphi_1 - \varphi_2\|_s + \sqrt{\max\left\{T^2, \frac{2}{a^2}\right\}}\|\psi_1 - \psi_2\|_{s-1} +
$$

$$
\sqrt{\max\left\{T^2, \frac{2}{a^2}\right\}}\, T \,\|F_1 - F_2\|_{s-1,\infty}\,, \tag{4.52}
$$

$$
\sup_{t \in [0,T]} \|\partial_t u_1(t) - \partial_t u_2(t)\|_{s-1} \leq a\|\varphi_1 - \varphi_2\|_s + \|\psi_1 - \psi_2\|_{s-1} +
$$

$$
T\,\|F_1 - F_2\|_{s-1,\infty} \tag{4.53}
$$

donde $\|F\|_{s-1,\infty} := \sup_{\tau \in [0,T]} \|F(\tau)\|_{s-1}$.

O mejor aún, $\forall r \leq s$ se verifican las siguientes desigualdades:

$$\sup_{t \in [0,T]} \|u_1(t) - u_2(t)\|_r \leq \|\varphi_1 - \varphi_2\|_s + \sqrt{\text{máx}\left\{T^2, \frac{2}{a^2}\right\}} \|\psi_1 - \psi_2\|_{s-1} +$$

$$\sqrt{\text{máx}\left\{T^2, \frac{2}{a^2}\right\}} \, T \, \|F_1 - F_2\|_{s-1,\infty} \,, \qquad (4.54)$$

$$\sup_{t \in [0,T]} \|\partial_t u_1(t) - \partial_t u_2(t)\|_{r-1} \leq a\|\varphi_1 - \varphi_2\|_s + \|\psi_1 - \psi_2\|_{s-1} +$$

$$T \, \|F_1 - F_2\|_{s-1,\infty} \,. \qquad (4.55)$$

Demostración.- Sea u_i solución de $(P_2^{F_i})$ para $i = 1, 2$, entonces

$$u_i(t) = \widehat{\varphi}_i(0) + t\widehat{\psi}_i(0) + \int_0^t (t-\tau)\widehat{F}_i(0,\tau)d\tau + \sum_{k \neq 0}\{\widehat{u_{ih}}(k,t) + \widehat{u_{ip}}(k,t)\}e^{ikx}$$

$$= \underbrace{C(t)\varphi_i + W(t)\psi_i}_{u_{ih}(t)=} + \underbrace{\int_0^t W(t-\tau)F_i(\tau)d\tau}_{u_{ip}(t)=} \,. \qquad (4.56)$$

Tomando la diferencia de $u_1(t)$ con $u_2(t)$, tenemos en H_{per}^s:

$$u_1(t) - u_2(t) = C(t)(\varphi_1 - \varphi_2) + W(t)(\psi_1 - \psi_2) +$$

$$\int_0^t W(t-\tau)\{F_1(\tau) - F_2(\tau)\}d\tau \,. \qquad (4.57)$$

Ahora, usando la desigualdad triangular de la norma $\|\cdot\|_s$, inmersión de H_{per}^s en H_{per}^{s-1}, $\|W(t)\psi\|_r \leq \|\psi\|_{s-1}$, $\forall r \leq s$ con $\psi \in H_{per}^{s-1}$ y $\|C(t)\phi\|_r \leq \|\phi\|_s$, $\forall r \leq s$ con $\phi \in H_{per}^s$ obtenemos

$$\|u_1(t) - u_2(t)\|_r \leq \|C(t)(\varphi_1 - \varphi_2)\|_r + \|W(t)(\psi_1 - \psi_2)\|_r +$$

$$\left\|\int_0^t W(t-\tau)\{F_1(\tau) - F_2(\tau)\}d\tau\right\|_r$$

$$\leq \|C(t)(\varphi_1 - \varphi_2)\|_s + \|W(t)(\psi_1 - \psi_2)\|_r +$$

$$\int_0^t \|W(t-\tau)\{F_1(\tau) - F_2(\tau)\}\|_r d\tau$$

$$\leq \|\varphi_1 - \varphi_2\|_s + \sqrt{\text{máx}\left\{t^2, \frac{2}{a^2}\right\}} \|\psi_1 - \psi_2\|_{s-1} +$$

$$\int_0^t \sqrt{\text{máx}\left\{(t-\tau)^2, \frac{2}{a^2}\right\}} \|F_1(\tau) - F_2(\tau)\|_{s-1} d\tau$$

$$\leq \; \|\varphi_1 - \varphi_2\|_s + \sqrt{\operatorname{máx}\left\{t^2, \frac{2}{a^2}\right\}}\|\psi_1 - \psi_2\|_{s-1} +$$

$$\left(\sup_{\tau\in[0,T]}\|F_1(\tau) - F_2(\tau)\|_{s-1}\right)\int_0^t \sqrt{\operatorname{máx}\left\{(t-\tau)^2, \frac{2}{a^2}\right\}}\,d\tau$$

$$\leq \; \|\varphi_1 - \varphi_2\|_s + \sqrt{\operatorname{máx}\left\{t^2, \frac{2}{a^2}\right\}}\|\psi_1 - \psi_2\|_{s-1} +$$

$$t\cdot\sqrt{\operatorname{máx}\left\{t^2, \frac{2}{a^2}\right\}}\sup_{\tau\in[0,T]}\|F_1(\tau) - F_2(\tau)\|_{s-1}$$

$$\leq \; \|\varphi_1 - \varphi_2\|_s + \sqrt{\operatorname{máx}\left\{T^2, \frac{2}{a^2}\right\}}\|\psi_1 - \psi_2\|_{s-1} +$$

$$T\cdot\sqrt{\operatorname{máx}\left\{T^2, \frac{2}{a^2}\right\}}\sup_{\tau\in[0,T]}\|F_1(\tau) - F_2(\tau)\|_{s-1}, \qquad (4.58)$$

para todo $r \leq s$.

Tomando el supremo en la desigualdad (4.58), obtenemos:

$$\sup_{t\in[0,T]}\|u_1(t) - u_2(t)\|_r \;\leq\; \|\varphi_1 - \varphi_2\|_s + \sqrt{\operatorname{máx}\left\{T^2, \frac{2}{a^2}\right\}}\|\psi_1 - \psi_2\|_{s-1} +$$

$$T\cdot\sqrt{\operatorname{máx}\left\{T^2, \frac{2}{a^2}\right\}}\sup_{\tau\in[0,T]}\|F_1(\tau) - F_2(\tau)\|_{s-1}.$$

$$(4.59)$$

$\forall r \leq s$.

Usando propiedades de $C(t)$ y $W(t)$, para $i = 1, 2$ obtenemos:

$$\begin{aligned}
\partial_t u_i(t) &= \partial_t C(t)\varphi_i + \partial_t W(t)\psi_i + \int_0^t \partial_t W(t-\tau)F_i(\tau)d\tau \\
&= \partial_t C(t)\varphi_i + C(t)\psi_i + \int_0^t C(t-\tau)F_i(\tau)d\tau. \qquad (4.60)
\end{aligned}$$

Tomando la diferencia de $\partial_t u_1(t)$ con $\partial_t u_2(t)$, tenemos en H_{per}^{s-1}:

$$\begin{aligned}
\partial_t u_1(t) - \partial_t u_2(t) &= \partial_t C(t)(\varphi_1 - \varphi_2) + C(t)(\psi_1 - \psi_2) + \\
&\quad \int_0^t C(t-\tau)\{F_1(\tau) - F_2(\tau)\}d\tau, \qquad (4.61)
\end{aligned}$$

y usando la desigualdad triangular de la norma $\|\cdot\|_{r-1}$ y que $\|C(t)\psi\|_{r-1} \leq \|\psi\|_{s-1}$ $\forall r \leq s$, con $\psi \in H_{per}^{s-1}$, tenemos

$$\|\partial_t u_1(t) - \partial_t u_2(t)\|_{r-1} \;\leq\; \|\partial_t C(t)(\varphi_1 - \varphi_2)\|_{r-1} + \|C(t)(\psi_1 - \psi_2)\|_{r-1} +$$

$$\left\| \int_0^t C(t-\tau)\{F_1(\tau) - F_2(\tau)\}d\tau \right\|_{r-1}$$

$$\leq \quad \|\partial_t C(t)(\varphi_1 - \varphi_2)\|_{r-1} + \|C(t)(\psi_1 - \psi_2)\|_{r-1} +$$

$$\int_0^t \|C(t-\tau)\{F_1(\tau) - F_2(\tau)\}\|_{r-1}d\tau$$

$$\leq \quad \|\partial_t C(t)(\varphi_1 - \varphi_2)\|_{r-1} + \|\psi_1 - \psi_2\|_{s-1} +$$

$$\int_0^t \|F_1(\tau) - F_2(\tau)\|_{s-1}d\tau$$

$$\leq \quad \|\partial_t C(t)(\varphi_1 - \varphi_2)\|_{r-1} + \|\psi_1 - \psi_2\|_{s-1} +$$

$$\left(\sup_{\tau \in [0,T]} \|F_1(\tau) - F_2(\tau)\|_{s-1} \right) \int_0^t d\tau$$

$$\leq \quad \|\partial_t C(t)(\varphi_1 - \varphi_2)\|_{r-1} + \|\psi_1 - \psi_2\|_{s-1} +$$

$$t \cdot \sup_{\tau \in [0,T]} \|F_1(\tau) - F_2(\tau)\|_{s-1}$$

$$\leq \quad \|\partial_t C(t)(\varphi_1 - \varphi_2)\|_{r-1} + \|\psi_1 - \psi_2\|_{s-1} +$$

$$T \cdot \sup_{\tau \in [0,T]} \|F_1(\tau) - F_2(\tau)\|_{s-1}, \tag{4.62}$$

$\forall r \leq s$.

Por otro lado, obtenemos

$$\|\partial_t C(t)(\varphi_1 - \varphi_2)\|_{r-1}^2 \quad = \quad 2\pi \sum_{k=-\infty}^{+\infty} (1+k^2)^{r-1} |a|k|sen(a|k|t)\{\widehat{\varphi_1}(k) - \widehat{\varphi_2}(k)\}|^2$$

$$\leq \quad 2\pi \sum_{k=-\infty}^{+\infty} (1+k^2)^{r-1} a^2 |k|^2 |sen(a|k|t)|^2 |\widehat{\varphi_1}(k) - \widehat{\varphi_2}(k)|^2$$

$$\leq \quad a^2 2\pi \sum_{k=-\infty}^{+\infty} (1+k^2)^{r-1} |k|^2 |\widehat{\varphi_1}(k) - \widehat{\varphi_2}(k)|^2$$

$$\leq \quad a^2 2\pi \sum_{k=-\infty}^{+\infty} (1+k^2)^{r} |\widehat{\varphi_1}(k) - \widehat{\varphi_2}(k)|^2$$

$$= \quad a^2 \|\varphi_1 - \varphi_2\|_r^2$$

$$\leq \quad a^2 \|\varphi_1 - \varphi_2\|_s^2,$$

$\forall r \leq s$. Esto es,

$$\|\partial_t C(t)(\varphi_1 - \varphi_2)\|_{r-1} \leq a\|\varphi_1 - \varphi_2\|_s, \ \forall r \leq s. \tag{4.63}$$

Usando (4.63) en (4.62) obtenemos:

$$\|\partial_t u_1(t) - \partial_t u_2(t)\|_{r-1} \quad \leq \quad a\|\varphi_1 - \varphi_2\|_s + \|\psi_1 - \psi_2\|_{s-1} +$$

$$T \cdot \sup_{\tau \in [0,T]} \|F_1(\tau) - F_2(\tau)\|_{s-1}, \qquad (4.64)$$

$\forall r \leq s$.

Tomando supremo en la desigualdad (4.64) obtenemos:

$$\sup_{t \in [0,T]} \|\partial_t u_1(t) - \partial_t u_2(t)\|_{r-1} \leq a\|\varphi_1 - \varphi_2\|_s + \|\psi_1 - \psi_2\|_{s-1} +$$
$$T \cdot \sup_{\tau \in [0,T]} \|F_1(\tau) - F_2(\tau)\|_{s-1}, \qquad (4.65)$$

$\forall r \leq s$.

$\square$

4.8. Conclusiones

En nuestro estudio de la ecuación de onda en espacios de Sobolev periódico tanto en el caso homogéneo (P_2) como en el correspondiente problema no homogéneo (P_2^F) hemos obtenido importantes resultados, entre los cuales destacamos:

1. Usando la Teoría de Fourier, demostramos la existencia y unicidad de solución del modelo (P_2), así como la dependencia continua de la solución respecto al dato inicial en intervalos compactos $[0,T]$, $T > 0$.

2. Probamos la regularidad de la solución de (P_2).

3. Introduciendo familias de operadores fuertemente continuos, reescribimos la solución del problema (P_2), obteniendo resultados elegantes.

4. Probamos que la energía asociada a la ecuación de onda es conservativa. Este resultado nos permite obtener la unicidad de solución de la ecuación de onda no homogénea.

5. Usando la Teoría de Fourier y la familia de operadores fuertemente continuos probamos la existencia de solución local y unicidad de solución del modelo no homogéneo (P_2^F).

6. También, obtenemos la dependencia continua de la solución de (P_2^F) respecto al dato inicial y a la parte no homogénea del problema.

Capítulo 5

Análisis de la existencia de solución de la Ecuación KdV-K-S

Iniciamos este capítulo con una breve introducción sobre el modelo. La ecuación de Kuramoto-Sivashinsky (K-S):

$$u_t + uu_x + u_{xx} + u_{xxxx} = 0$$

data de mediados de 1970. La primera derivación fué hecha por Kuramoto en el estudio de ecuaciones de reacción-difusión modelando la reacción Belonsov-Zabotinski. Dicha ecuación fue también desarrollada por Sivashinsky en dimensiones más altas en láminas temperadas frontales.

Por otro lado, se sabe que la ecuación de KdV

$$u_t + uu_x + u_{xxx} = 0$$

así como la K-S fueron estudiadas por muchos autores, podemos citar por ejemplo Bona and Smith (1975), Ercolani, McLaughlin and Roitner (1996), Kato (1983), Kenig, Ponce and Vega (1991) y Tadmor (1986).

Del acoplamiento de los dos modelos se deduce el problema:

$$(P_3): \quad u_t + u_{xxx} + \beta(u_{xxxx} + u_{xx}) = 0 \text{ en } H_{per}^{s-4}, \text{ con } u(0) = \phi \in H_{per}^s \,,$$

considerando β una constante positiva, s un número real y denotando por H_{per}^s al espacio de Sobolev periódico.

Para el sustento físico del modelo citamos Topper and Kawahara (1978).

También, podemos citar Biagioni, Bona, Iorio and Scialom (1996), donde encontramos algunos trabajos relacionados al modelo (P_3) y Iorio (2002) donde entre los problemas propuestos aparece el modelo que estudiamos. Así, en estas fuentes encontramos la motivación para abordar el problema.

Nuestro trabajo está organizado como sigue. En la sección 5.1, mostramos que el problema (P_3) esta bien colocado y posee regularidad H^∞. En la sección 5.2, introducimos una familia de operadores, que cumple las condiciones de ser un semigrupo de contracción de clase C_0 y enunciamos y demostramos el resultado obtenido en una version más fina. En la sección 5.3, estudiamos el comportamiento de u_β cuando β tiende a cero. Aquí usamos la teoría de grupos unitarios y conseguimos importantes resultados de aproximación, existencia y regularidad.

Finalmente, en la sección 5.4, damos las conclusiones de nuestro estudio.

5.1. Buena colocación del problema (P_3) y regularidad H^∞ de la solución

Teorema 5.1 *Sea s un número real fijo, $\beta > 0$ y el problema*

$$(P_3) \left|\begin{array}{l} u \in C([0, +\infty), H^s_{per}) \\ \partial_t u + \partial^3_x u + \beta(\partial^4_x u + \partial^2_x u) = 0 \in H^{s-4}_{per} \\ u(0) = \phi \in H^s_{per} \end{array}\right.$$

entonces (P_3) está globalmente bien colocado i.e. $\exists! u \in C([0, \infty), H^s_{per})$ satisfaciendo la ecuación (P_3) , de modo que la aplicación : $\phi \to u$, que asigna a cada dato inicial ϕ la solución u del PVI (P_3), es continua.

Además, la solución u satisface la regularidad:

$$u(t) \in H^\infty, \ \forall t > 0$$

con $\|u(t)\|_r \leq C\|\phi\|_s$, $\forall r \in I\!R$ y $t > 0$, donde

$$H^\infty := \bigcap_{r \in I\!R} H^r_{per}.$$

Demostración.- La prueba lo haremos del siguiente modo.

1. Primero obtenemos el candidato a solución. Para conseguir ese candidato tomamos la transformada de Fourier a la ecuación

$$\partial_t u = -\partial^3_x u - \beta(\partial^4_x u + \partial^2_x u)$$

y obtenemos

$$\begin{aligned}
\partial_t \hat{u} &= -(ik)^3\hat{u} - \beta((ik)^4\hat{u} + (ik)^2\hat{u}) \\
&= ik^3\hat{u} - \beta(k^4\hat{u} - k^2\hat{u}) \\
&= (ik^3 - \beta(k^4 - k^2))\hat{u} \\
&= (ik - \beta(k^2 - 1))k^2\hat{u}\,,
\end{aligned}$$

que para cada $k \in Z$ es una EDO con dato inicial $\hat{u}(k,0) = \hat{\phi}(k)$.

Así, resolviendo los PVI's

$$(\Omega_k) \left|
\begin{array}{l}
\hat{u} \in C([0,+\infty), l_s^2(Z)) \\
\partial_t \hat{u}(k,t) = (ik - \beta(k^2 - 1))k^2\hat{u}(k,t) \\
\hat{u}(k,0) = \hat{\phi}(k) \text{ con } \widehat{\phi} \in l_s^2(Z)
\end{array}
\right.$$

$\forall k \in Z$, conseguimos

$$\hat{u}(k,t) = e^{(ik-\beta(k^2-1))k^2 t}\hat{\phi}(k)\,,$$

de donde obtenemos nuestro candidato a solución:

$$\begin{aligned}
u(t) &= \sum_{k=-\infty}^{\infty} \hat{u}(k,t)\phi_k \\
&= \sum_{k=-\infty}^{\infty} \underbrace{e^{ik^3 t}}_{G_k:=}\underbrace{e^{-\beta(k^2-1)k^2 t}}_{F_k:=}\hat{\phi}(k)\phi_k
\end{aligned} \tag{5.1}$$

y estamos denotando $\phi_k(x) = e^{ikx}$. Se observa que cuando $k \in Z$ y $|k| = 1$ o $k = 0$, F_k es 1. Cuando $k \in Z$ y $0 \neq |k| \neq 1$, tenemos que $(k^2 - 1)k^2 > 0$, y desde que $\beta > 0$ tenemos que $F_k \to 0$ cuando $t \to +\infty$. También $|e^{ik^3 t}| = 1$.

2. En segundo lugar, probaremos que:

$$u(t) \in H_{per}^s \quad \text{y} \quad \|u(t)\|_s \leq \|\phi\|_s. \tag{5.2}$$

En efecto, sea $t > 0$, $\phi \in H_{per}^s$ y observando que $e^{-\beta(k^2-1)k^2 t} < 1$, tenemos

$$\begin{aligned}
\|u(t)\|_{H_{per}^s}^2 &= 2\pi \sum_{k=-\infty}^{+\infty} (1+k^2)^s |e^{ik^3 t}e^{-\beta(k^2-1)k^2 t}\hat{\phi}(k)|^2 \\
&= 2\pi \sum_{k=-\infty}^{+\infty} (1+k^2)^s |e^{-\beta(k^2-1)k^2 t}\hat{\phi}(k)|^2
\end{aligned}$$

$$
\begin{aligned}
&= 2\pi \sum_{k=-\infty}^{+\infty} (1+k^2)^s |\hat{\phi}(k)|^2 |e^{-2\beta(k^2-1)k^2 t}| \\
&= 2\pi \sum_{k=-\infty}^{+\infty} (1+k^2)^s |\hat{\phi}(k)|^2 e^{-2\beta(k^2-1)k^2 t} \\
&\leq 2\pi \sum_{k=-\infty}^{+\infty} (1+k^2)^s |\hat{\phi}(k)|^2 \ < \infty \ . \\
&= \|\phi\|^2_{H^s_{per}} \ \leq \ e^{\frac{\beta}{2}t} \|\phi\|^2_{H^s_{per}} ,
\end{aligned}
\tag{5.3}
$$

esto último resulta del hecho que $1 < e^{\frac{\beta}{2}t}$, $\forall t > 0$.

Obviamente se cumple (5.2) para $t = 0$.

3. Ahora, probaremos que $u(\cdot)$ es continua en $[0, +\infty)$.

Sea $t' \in [0, \infty)$,

$$
\begin{aligned}
&\|u(t) - u(t')\|^2_{H^s_{per}} \\
&= 2\pi \sum_{k=-\infty}^{+\infty} (1+k^2)^s |(e^{ik^3 t} e^{-\beta(k^2-1)k^2 t} - e^{ik^3 t'} e^{-\beta(k^2-1)k^2 t'})\hat{\phi}(k)|^2 \\
&= 2\pi \sum_{k=-\infty}^{+\infty} (1+k^2)^s |\hat{\phi}(k)|^2 \left| \underbrace{(e^{(ik^3-\beta(k^2-1)k^2)t} - e^{(ik^3-\beta(k^2-1)k^2)t'})}_{H(t:=)} \right|^2 .
\end{aligned}
\tag{5.4}
$$

Se observa que $\lim_{t \to t'} H(t) = 0$. Ahora, necesitamos de la convergencia uniforme de la serie para el intercambio de límites. Para esto, tomamos el k-ésimo término de la serie y lo mayoramos por una serie convergente, i.e.

$$
\begin{aligned}
I_{k,t} : \ &= \ 2\pi(1+k^2)^s |\hat{\phi}(k)|^2 \left| (e^{(ik^3-\beta(k^2-1)k^2)t} - e^{(ik^3-\beta(k^2-1)k^2)t'}) \right|^2 \\
&\leq \ 8\pi(1+k^2)^s |\hat{\phi}(k)|^2 ,
\end{aligned}
$$

donde hemos usado la desigualdad triangular (propiedad de la norma) y la desigualdad $e^{-\theta} \leq 1$ siempre que $\theta \geq 0$.

Así,

$$
\sum_{k=-\infty}^{+\infty} I_{k,t} \ \leq 4\|\phi\|^2_{H^s_{per}} \ < \infty ,
$$

y usando el Teorema del M-Test de Weierstrass tenemos que la serie converge uniformemente. Luego, podemos intercambiar límites, esto es

$$\lim_{t \to t'} \|u(t) - u(t')\|^2_{H^s_{per}} = \sum_{k=-\infty}^{+\infty} \lim_{t \to t'} I_{k,t} = 0$$

y de ahí concluimos

$$\lim_{t \to t'} \|u(t) - u(t')\|_{H^s_{per}} = 0 \ .$$

4. Probaremos que

$$\left\| \frac{u(t+h) - u(t)}{h} + \partial_x^3 u + \beta(\partial_x^4 u + \partial_x^2 u) \right\|_{H^{s-4}_{per}} \longrightarrow 0 \quad \text{cuando } h \to 0 \ .$$

En efecto,

$$\left\| \frac{u(t+h) - u(t)}{h} + \partial_x^3 u + \beta(\partial_x^4 u + \partial_x^2 u) \right\|^2_{H^{s-4}_{per}}$$

$$= 2\pi \sum_{k=-\infty}^{+\infty} (1+k^2)^{s-4} \left| \hat{\phi}(k) \right|^2 \left| \frac{e^{(ik^3 - \beta(k^2-1)k^2)(t+h)} - e^{(ik^3 - \beta(k^2-1)k^2)t}}{h} \right.$$

$$\left. + (ik)^3 e^{(ik^3 - \beta(k^2-1)k^2)t} + \beta((ik)^4 + (ik)^2) e^{(ik^3 - \beta(k^2-1)k^2)t} \right|^2$$

$$= 2\pi \sum_{k=-\infty}^{+\infty} (1+k^2)^{s-4} \left| \hat{\phi}(k) \right|^2 \left| e^{(ik^3 - \beta(k^2-1)k^2)t} \cdot M(h) \right|^2 \tag{5.5}$$

donde

$$M(h) := \left\{ \frac{e^{(ik^3 - \beta(k^2-1)k^2)h} - 1}{h} + (ik)^3 + \beta((ik)^4 + (ik)^2) \right\} \ .$$

Usando la regla de L'Hospital tenemos que $M(h) \longrightarrow 0$ cuando $h \to 0$.

Ahora, necesitamos la convergencia uniforme de la serie para habilitar el intercambio de límites. Para ello procedemos mayorando el k-ésimo término de la serie.

Previamente, observamos para $h > 0$:

$$\frac{e^{(ik^3 - \beta(k^2-1)k^2)h} - 1}{h} = \int_0^h \frac{1}{h} \frac{\partial}{\partial s} \left\{ e^{(ik^3 - \beta(k^2-1)k^2)s} \right\} ds$$

$$= \int_0^h \frac{1}{h} \left[ik^3 - \beta(k^2-1)k^2 \right] e^{(ik^3 - \beta(k^2-1)k^2)s} ds$$

y tomando norma tenemos

$$\left| \frac{e^{(ik^3-\beta(k^2-1)k^2)h}-1}{h} \right| \leq \frac{1}{h}|ik^3-\beta(k^2-1)k^2| \int_0^h \left| e^{(ik^3-\beta(k^2-1)k^2)s} \right| ds$$

$$\leq \frac{1}{h}\left\{ |k|^3+\beta|k|^4+\beta|k|^2 \right\} \cdot h$$

$$= \left\{ |k|^3+\beta|k|^4+\beta|k|^2 \right\} . \tag{5.6}$$

Considerando $h < 0$ para el caso $t \neq 0$, tenemos

$$\frac{e^{(ik^3-\beta(k^2-1)k^2)h}-1}{h} = -\int_h^0 \frac{1}{h}\frac{\partial}{\partial s}\left\{ e^{(ik^3-\beta(k^2-1)k^2)s} \right\} ds$$

$$= -\int_h^0 \frac{1}{h}\left[ik^3-\beta(k^2-1)k^2 \right] e^{(ik^3-\beta(k^2-1)k^2)s} ds \, ,$$

tomando norma y usando que $e^{\vartheta} \leq 1$ si $\vartheta \leq 0$ tenemos

$$\left| \frac{e^{(ik^3-\beta(k^2-1)k^2)h}-1}{h} \right| \leq \frac{1}{|h|}|ik^3-\beta(k^2-1)k^2| \int_h^0 \left| e^{(ik^3-\beta(k^2-1)k^2)s} \right| ds$$

$$\leq \frac{1}{|h|}|ik^3-\beta(k^2-1)k^2| \int_h^0 \underbrace{e^{(-\beta(k^2-1)k^2)s}}_{\leq 1} ds$$

$$\leq \frac{1}{|h|}\left\{ |k|^3+\beta|k|^4+\beta|k|^2 \right\} \cdot |h|$$

$$= \left\{ |k|^3+\beta|k|^4+\beta|k|^2 \right\} . \tag{5.7}$$

Usando las desigualdades (5.6) y (5.7) procedemos a mayorar $[M(h)]^2$ como sigue

$$[M(h)]^2 \leq \left\{ 2\left[|k|^3+\beta|k|^4+\beta|k|^2 \right] \right\}^2$$

$$\leq \left[C_4|k|^4 \right]^2$$

$$\leq C_5 \left[|k|^2 \right]^4$$

$$\leq C_5 \left[1+|k|^2 \right]^4 . \tag{5.8}$$

Esto también es válido para el caso $t = 0$, donde sólo usamos (5.6).

Ahora, pasamos a mayorar el k-ésimo término de la serie, donde se usará la estimativa (5.8)

$$(1+k^2)^{s-4}\left| \hat{\phi}(k) \right|^2 e^{-2\beta(k^2-1)k^2 t}[M(h)]^2 \leq (1+k^2)^{s-4}\left| \hat{\phi}(k) \right|^2 [M(h)]^2$$

$$\leq (1+k^2)^{s-4}\left| \hat{\phi}(k) \right|^2 C_5(1+|k|^2)^4$$

$$= C_5(1+k^2)^s \left| \hat{\phi}(k) \right|^2$$

y sabemos que la serie

$$2\pi \sum_{k=-\infty}^{+\infty} (1+k^2)^s \left|\hat{\phi}(k)\right|^2 = \|\phi\|_{H^s_{per}}^2 < \infty$$

puesto que $\phi \in H^s_{per}$. Usando el Teorema M-Test de Weierstrass tenemos que la serie (5.5) converge uniformemente y por lo tanto es posible intercambiar límites y obtener

$$\left\|\frac{u(t+h)-u(t)}{h} + \partial_x^3 u + \beta(\partial_x^4 u + \partial_x^2 u)\right\|_{H^{s-4}_{per}}^2 \longrightarrow 0 \quad \text{cuando } h \to 0,$$

y esto implica lo que se quería probar.

5. Probaremos la dependencia continua de la solución respecto a los datos iniciales, i.e. sean ϕ y $\widetilde{\phi}$ datos próximos en H^s_{per}, entonces sus correspondientes soluciones u y $\widetilde{u}$, respectivamente, también están próximos en el espacio solución. Sea $t \geq 0$,

$$\begin{aligned}
\|u(t)-\widetilde{u}(t)\|_{H^s_{per}}^2 &= 2\pi \sum_{k=-\infty}^{+\infty} \left|e^{ik^3} e^{-\beta(k^2-1)k^2 t}(\widehat{\phi}(k) - \widehat{\widetilde{\phi}}(k))\right|^2 (1+k^2)^s \\
&= 2\pi \sum_{k=-\infty}^{+\infty} \underbrace{e^{-\beta(k^2-1)k^2 t}}_{\leq 1} \left|\widehat{\phi}(k) - \widehat{\widetilde{\phi}}(k)\right|^2 (1+k^2)^s \\
&\leq 2\pi \sum_{k=-\infty}^{+\infty} \left|\widehat{\phi}(k) - \widehat{\widetilde{\phi}}(k)\right|^2 (1+k^2)^s \\
&= 2\pi \sum_{k=-\infty}^{+\infty} (1+k^2)^s \left|\widehat{\phi}(k) - \widehat{\widetilde{\phi}}(k)\right|^2 \\
&= \|\phi - \widetilde{\phi}\|_{H^s_{per}}^2 .
\end{aligned}$$

Tomando supremo sobre $(0, +\infty)$ tenemos

$$\sup_{t\in(0,+\infty)} \|u(t)-\widetilde{u}(t)\|_{H^s_{per}} \leq \|\phi - \widetilde{\phi}\|_{H^s_{per}} . \tag{5.9}$$

De aquí tenemos que si $\phi \to \widetilde{\phi}$ entonces $u \to \widetilde{u}$.

6. Unicidad de Solución. La desigualdad (5.9) nos permitirá mostrar que la solución es única. En efecto, sea $\phi \in H^s_{per}$ y supongamos que existan u y $\widetilde{u}$ dos soluciones, entonces usando (5.9) tenemos,

$$\|u(\tau)-\widetilde{u}(\tau)\|_{H^s_{per}} \leq \sup_{t\in(0,\infty)} \|u(t)-\widetilde{u}(t)\|_{H^s_{per}} \leq \|\phi - \phi\|_{H^s_{per}} = 0,$$

$\forall \tau \in (0, \infty)$, de donde concluimos que $u = \widetilde{u}$.

Así, el problema (P_3) está bien colocado y su única solución que depende continuamente del dato inicial, es

$$u(x,t) = \sum_{k=-\infty}^{+\infty} e^{ik^3 t - \beta(k^2-1)k^2 t} \hat{\phi}(k) e^{ikx}.$$

7. Sea $t > 0$, de (5.3) tenemos para $r > s$:

$$\begin{aligned}
\|u(t)\|_r^2 &= 2\pi \sum_{k=-\infty}^{+\infty} (1+k^2)^r |\hat{\phi}(k)|^2 |e^{-\beta(k^2-1)k^2 t}|^2 \\
&= 2\pi \sum_{k=-\infty}^{+\infty} (1+k^2)^s |\hat{\phi}(k)|^2 \underbrace{e^{-2\beta(k^2-1)k^2 t} \cdot (1+k^2)^{r-s}}_{J(k,t):=} \\
&\leq C^* 2\pi \sum_{k=-\infty}^{+\infty} (1+k^2)^s |\hat{\phi}(k)|^2 < \infty \\
&= C^* \|\phi\|_s^2,
\end{aligned}$$

donde $|J(k,t)| \leq C^*$, $\forall k \in Z$, $t > 0$. Así,

$$u(t) \in H_{per}^r, \quad \forall r \in (s, +\infty). \tag{5.10}$$

El caso $r = s$ ya lo hemos probado en el item 2.

8. Ahora, consideramos el caso $r < s$. Como $r < s$ entonces $H_{per}^s \subset H_{per}^r$ y desde que el dato inicial $\phi \in H_{per}^s$, entonces $\phi \in H_{per}^r$ y satisface

$$\|\phi\|_r \leq \|\phi\|_s. \tag{5.11}$$

De (5.3) y usando (5.11) tenemos que

$$\|u(t)\|_r^2 \leq \|\phi\|_r^2 \leq \|\phi\|_s^2 < \infty.$$

Es decir,

$$u(t) \in H_{per}^r, \forall r \in (-\infty, s). \tag{5.12}$$

Finalmente, de (5.10), (5.2) y (5.12) concluimos que para $t > 0$

$$u(t) \in H_{per}^r, \quad \forall r \in \mathbb{R},$$

y existe $C := \max\{1, \sqrt{C^*}\}$ tal que $\|u(t)\|_r \leq C\|\phi\|_s$ $\forall r \in \mathbb{R}$ y $\forall t > 0$.
$\square$

En consecuencia tenemos el siguiente resultado

Corolario 5.1 *La única solución de (P_3) es*

$$u(x,t) = \sum_{k=-\infty}^{+\infty} e^{ik^3 t - \beta(k^2-1)k^2 t}\hat{\phi}(k)e^{ikx}\,.$$

5.2. Construcción del C_o-Semigrupo de contracción asociado a (P_3)

En el siguiente resultado, introduciremos una familia de operadores que verificaran las condiciones de ser un semigrupo de contracción de clase C_0.

Teorema 5.2 *Sean $\beta > 0$ y $s \in \mathbb{R}$. La aplicación*

$$S : [0, +\infty) \;\; \to \;\; L(H^s_{per})$$
$$t \;\; \to \;\; S(t)$$

tal que $S(t) = e^{(-\partial_x^3 + \beta(\partial_x^4 + \partial_x^2))t}$, i.e. aplica $S(t)\phi = \{e^{(ik^3 - \beta(k^4-k^2))t}\hat{\phi}(k)\}^\vee$ entonces $\{S(t)\}_{t\geq 0}$ es un semigrupo de clase C_o de contracción en H^s_{per}.

Además, se verifican los siguientes enunciados:

1. *$S(\cdot)\phi \in C([0,\infty), H^s_{per})$,*

2. *la aplicación $\phi \to S(\cdot)\phi$ es continua y satisface:*

$$\|S(t)\phi_1 - S(t)\phi_2\|_{H^s_{per}} \leq \|\phi_1 - \phi_2\|_{H^s_{per}}, \; \forall t \geq 0$$

y

$$\sup_{t>0} \|S(t)\phi_1 - S(t)\phi_2\|_{H^s_{per}} \leq \|\phi_1 - \phi_2\|_{H^s_{per}}.$$

Demostración.- Primero observamos que $S(0)\phi = \phi$, $\forall \phi \in H^s_{per}$, así $S(0) = I$. En segundo lugar, de la linealidad de la transformada de Fourier y de su inversa tenemos que $S(t)$ es lineal.

A continuación, sea $\phi \in H^s_{per}$. Probaremos que $S(t)\phi \in H^s_{per}$ y $\|S(t)\phi\|_s \leq \|\phi\|_s$, esto es, $\|S(t)\| \leq 1$. En efecto, análogo a (5.3) tenemos

$$\|S(t)\phi\|^2_{H^s_{per}} \;\; = \;\; 2\pi \sum_{k=-\infty}^{+\infty} (1+k^2)^s |e^{ik^3 t} e^{-\beta(k^2-1)k^2 t}\hat{\phi}(k)|^2$$

111

$$= 2\pi \sum_{k=-\infty}^{+\infty} (1+k^2)^s |\hat{\phi}(k)|^2 e^{-2\beta(k^2-1)k^2 t} \qquad (5.13)$$

$$\leq 2\pi \sum_{k=-\infty}^{+\infty} (1+k^2)^s |\hat{\phi}(k)|^2 = \|\phi\|_{H^s_{per}}^2 \;<\; \infty \, .$$

Luego, $S(t)\phi \in H^s_{per}$ y $\|S(t)\phi\|_s \leq \|\phi\|_s$, es decir $S(t) \in L(H^s_{per})$ con $\|S(t)\| \leq 1$.

Ahora probaremos que $S(t+r) = S(t) \circ S(r)$, $\forall t, r \geq 0$.

$$\begin{aligned}
S(t+r)f(x) &= \sum_{k=-\infty}^{\infty} e^{ik^3(t+r)-\beta(k^2-1)k^2(t+r)} \hat{f}(k) e^{ikx} \\
&= \sum_{k=-\infty}^{\infty} e^{ik^3 t-\beta(k^2-1)k^2 t} \underbrace{e^{ik^3 r-\beta(k^2-1)k^2 r} \hat{f}(k)}_{\hat{g}(k):=} e^{ikx} \\
&= S(t)g(x)
\end{aligned}$$

donde g es tal que $\hat{g}(k) = e^{ik^3 r - \beta(k^2-1)k^2 r} \hat{f}(k)$, $\forall k \in Z$. Así,

$$g(x) = \sum_{k=-\infty}^{\infty} e^{ik^3 r - \beta(k^2-1)k^2 r} \hat{f}(k) e^{ikx} = S(r)f(x) \, .$$

Por lo tanto, $S(t+r)f = S(t) \circ S(r)f$, $\forall t, r \geq 0$.

Ahora probaremos la continuidad de $t \to S(t)\phi$

$$\|S(t+h)\phi - S(t)\phi\|_{H^s_{per}} \to 0 \text{ cuando } h \to 0 \, . \qquad (5.14)$$

En efecto, usando el item 3 de la prueba del teorema anterior, tenemos

$$\begin{aligned}
&\|S(t+h)\phi - S(t)\phi\|_{H^s_{per}}^2 \\
&= 2\pi \sum_{k=-\infty}^{+\infty} (1+k^2)^s |(e^{ik^3(t+h)} e^{-\beta(k^2-1)k^2(t+h)} - e^{ik^3 t} e^{-\beta(k^2-1)k^2 t}) \hat{\phi}(k)|^2 \\
&= 2\pi \sum_{k=-\infty}^{+\infty} (1+k^2)^s |\hat{\phi}(k)|^2 \underbrace{\left| \left(e^{(ik^3-\beta(k^2-1)k^2)(t+h)} - e^{(ik^3-\beta(k^2-1)k^2)t} \right) \right|^2}_{H(t+h):=} \, .
\end{aligned}$$
$$(5.15)$$

Observamos que $\lim_{h\to 0} H(t+h) = 0$.

Ahora, necesitamos de la convergencia uniforme de la serie para el intercambio de límites. Para eso, tomamos el k-ésimo término de la serie y lo mayoramos por una serie convergente, i.e.

$$I_{k,t,h} := 2\pi(1+k^2)^s|\hat{\phi}(k)|^2 \left|(e^{(ik^3-\beta(k^2-1)k^2)(t+h)} - e^{(ik^3-\beta(k^2-1)k^2)t})\right|^2$$
$$\leq 8\pi(1+k^2)^s|\hat{\phi}(k)|^2,$$

donde hemos usado la desigualdad triangular (propiedad de la norma) y la desigualdad $e^{-\theta} \leq 1$ siempre que $\theta \geq 0$.

Así,

$$\sum_{k=-\infty}^{+\infty} I_{k,t,h} \leq 4\|\phi\|^2_{H^s_{per}} < \infty, \tag{5.16}$$

y usando el Teorema del M-Test de Weierstrass tenemos que la serie en (5.16) converge uniformemente. Luego, está permitido el intercambio de límite, esto es

$$\lim_{h\to 0} \|S(t+h)\phi - S(t)\phi\|^2_{H^s_{per}} = \sum_{k=-\infty}^{+\infty} \lim_{h\to 0} I_{k,t,h} = 0$$

y de ahí concluimos

$$\lim_{h\to 0} \|S(t+h)\phi - S(t)\phi\|_{H^s_{per}} = 0 .$$

Observación 5.1 *Se verifica*

$$\lim_{t\to 0^+} \|S(t)\phi - \phi\|_{H^s_{per}} = 0 .$$

Observación 5.2 *Con la observación 5.1 tendriamos que $\{S(t)\}_{t\geq 0}$ es un semigrupo de clase C_0. Así, por la observación (1.5) se tendría (5.14).*

Por lo tanto, $\{S(t)\}_{t\geq 0}$ es un semigrupo de clase C_o de Contracción en H^s_{per}.

Finalmente, sean ϕ_1 y ϕ_2 datos próximos en H^s_{per}, entonces probaremos que sus correspondientes $S(\cdot)\phi_1$ y $S(\cdot)\phi_2$, respectivamente, también están próximos. Como $\{S(t)\}_{t\geq 0}$ es de contracción, para $t \geq 0$ tenemos

$$\|S(t)\phi_1 - S(t)\phi_2\|_{H^s_{per}} = \|S(t)[\phi_1 - \phi_2]\|_{H^s_{per}} \leq \|\phi_1 - \phi_2\|_{H^s_{per}}$$

Tomando supremo sobre $(0, +\infty)$ tenemos

$$\sup_{t\in(0,+\infty)} \|S(t)\phi_1 - S(t)\phi_2\|_{H^s_{per}} \leq \|\phi_1 - \phi_2\|_{H^s_{per}} . \tag{5.17}$$

De aquí tenemos que si $\phi_1 \to \phi_2$ entonces $S(\cdot)\phi_1 \to S(\cdot)\phi_2$.

$\square$

A seguir enunciaremos y probaremos una version fina del Teorema 5.1 en función del semigrupo $\{S(t)\}_{t\geq 0}$.

Teorema 5.3 *Sean* $\beta > 0$, $s \in \mathbb{R}$ *y* $\{S(t)\}_{t\geq 0}$ *el semigrupo de clase* C_0 *del Teorema 5.2,* $S(\cdot)\phi$ *es la única solución de*

$$\left|\begin{array}{l} u \in C([0,\infty), H^s_{per}) \\ u_t = Au \ en \ H^{s-4}_{per} \\ u(0) = \phi \in H^s_{per} \end{array}\right.$$

en el sentido que

$$\lim_{h\to 0} \left\| \frac{S(t+h)\phi - S(t)\phi}{h} - AS(t)\phi \right\|_{H^{s-4}_{per}} = 0 \tag{5.18}$$

donde $A := -\partial_x^3 - \beta(\partial_x^4 + \partial_x^2)$, *y si* $\phi_1 \sim \phi_2$ *entonces* $S(\cdot)\phi_1 \sim S(\cdot)\phi_2$.

Además, se satisface la siguiente regularidad: Si $\phi \in H^s_{per}$ *entonces* $S(t)\phi \in H^\infty$ $\forall t > 0$ *y existe una constante* $C > 0$ *tal que* $\|S(t)\phi\|_{H^r_{per}} \leq C\|\phi\|_{H^s_{per}}$ $\forall t > 0$ *y* $\forall r \in \mathbb{R}$.

Demostración.- La prueba de (5.18) es análoga al del item 4 de la prueba del Teorema 5.1. Y la prueba del resto del enunciado también se sigue como la prueba del Teorema 5.1 y como consecuencia del Teorema 5.2.

$\square$

5.3. Comportamiento de u_β cuando $\beta \to 0^+$

Dado $\beta > 0$, denotemos por u_β a la solución del problema (P_3), i.e.

$$u_\beta(x,t) = \sum_{k=-\infty}^{+\infty} e^{ik^3 t} e^{-\beta(k^2-1)k^2 t} \widehat{\phi}(k) e^{ikx}\,.$$

Primero, analizaremos el comportamiento de $u_\beta(x,t)$ cuando $t \to +\infty$. Para eso usamos el M-Test de Weierstrass y conseguimos:

Proposición 5.1

$$\lim_{t\to+\infty} u_\beta(x,t) = 0\,.$$

Ahora, queremos saber y analizar que sucede con $u_\beta(t)$ cuando $\beta \to 0^+$. Pues bien, usando el criterio M-Test de Weierstrass conseguimos el siguiente resultado.

Proposición 5.2 *Se satisfacen los siguientes enunciados*

1. $\lim_{\beta \to 0^+} u_\beta(x,t) = \displaystyle\sum_{k=-\infty}^{+\infty} e^{ik^3 t}\widehat{\phi}(k)e^{ikx}$.

2. $\lim_{\beta \to 0^+} \|u_\beta(t) - g_o(t)\|_s = 0$ *donde* $g_o(t) = (e^{ik^3 t}\widehat{\phi}(k))^\vee$ *(i.e.* $\|g_o(t)\|_s = \|\phi\|_s$*)*
   o $g_o(t) = \displaystyle\sum_{k=-\infty}^{+\infty} e^{ik^3 t}\widehat{\phi}(k)\phi_k$, *y* $u_\beta(t) = \displaystyle\sum_{k=-\infty}^{+\infty} e^{ik^3 t}e^{-\beta(k^2-1)k^2 t}\widehat{\phi}(k)\phi_k$.

3. $\lim_{\beta \to 0^+} \|u_\beta(t)\|_s = \|\phi\|_s$.

Y ahora, es natural preguntarse si el límite de una familia de soluciones también es solución de un problema de valor inicial. La respuesta es afirmativa, y podemos decir mucho más: ella mantiene las propiedades y parcialmente la regularidad de la familia de soluciones. A continuación enunciamos los resultados que hemos obtenido.

Teorema 5.4 *Sea s un número real fijo y el problema*

$$(P_*) \left| \begin{array}{l} u \in C(\mathbb{R}, H_{per}^s) \\ \partial_t u + \partial_x^3 u = 0 \in H_{per}^{s-3} \\ u(0) = \phi \in H_{per}^s \end{array} \right.$$

entonces (P_*) *está globalmente bien colocado i.e.* $\exists! g \in C(\mathbb{R}, H_{per}^s)$ *satisfaciendo la ecuación* (P_*) *, de modo que la aplicación :* $\phi \to g$*, que asigna a cada dato inicial* ϕ *la solución g del PVI* (P_*)*, es continua.*
Además, la solución g satisface:

$$g(t) \in H_{per}^r , \ \forall t \in \mathbb{R}, \ \forall r \leq s$$

con $\|g(t)\|_r \leq C\|\phi\|_s , \ \forall r \leq s , \ \forall t \in \mathbb{R}$.

Demostración.- En la prueba usamos la Teoría de Fourier como en la prueba del Teorema 5.1.

$\square$

En consecuencia tenemos el siguiente resultado

Corolario 5.2 *La única solución de* (P_*) *es*

$$g(x,t) = \sum_{k=-\infty}^{+\infty} e^{ik^3 t}\hat{\phi}(k)e^{ikx} .$$

115

Ahora, introduciremos una familia de operadores que verificaran las condiciones de ser un grupo unitario de clase C_0.

Teorema 5.5 *Sea $s \in \mathbb{R}$. La aplicación*

$$
\begin{aligned}
T : \mathbb{R} &\rightarrow L(H^s_{per}) \\
t &\rightarrow T(t)
\end{aligned}
$$

tal que $T(t) = e^{(-\partial_x^3)t}$, i.e. aplica $T(t)\phi = \{e^{(ik^3)t}\hat{\phi}(k)\}^\vee$ entonces $\{T(t)\}_{t\in\mathbb{R}}$ es un grupo unitario de clase C_0 en H^s_{per}.
Además, se verifican los siguientes enunciados:

1. *$T(\cdot)\phi \in C(\mathbb{R}, H^s_{per})$,*

2. *la aplicación $\phi \rightarrow T(\cdot)\phi$ es continua y satisface:*

$$
\|T(t)\phi_1 - T(t)\phi_2\|_{H^s_{per}} = \|\phi_1 - \phi_2\|_{H^s_{per}}
$$

y

$$
\sup_{t\in\mathbb{R}} \|T(t)\phi_1 - T(t)\phi_2\|_{H^s_{per}} = \|\phi_1 - \phi_2\|_{H^s_{per}}.
$$

A continuación enunciamos otra version del Teorema 5.4 en función del grupo unitario $\{T(t)\}_{t\in\mathbb{R}}$.

Teorema 5.6 *Sea $s \in \mathbb{R}$ y $\{T(t)\}_{t\in\mathbb{R}}$ el grupo unitario de clase C_0 del Teorema 5.5 entonces $T(\cdot)\phi$ es la única solución de*

$$
\left|
\begin{aligned}
&u \in C(\mathbb{R}, H^s_{per}) \\
&u_t = A_* u \ \text{en } H^{s-3}_{per} \\
&u(0) = \phi \in H^s_{per}
\end{aligned}
\right.
$$

en el sentido que

$$
\lim_{h\to 0} \left\| \frac{T(t+h)\phi - T(t)\phi}{h} - A_* T(t)\phi \right\|_{H^{s-3}_{per}} = 0 \tag{5.19}
$$

donde $A_* := -\partial_x^3$, y si $\phi_1 \sim \phi_2$ entonces $T(\cdot)\phi_1 \sim T(\cdot)\phi_2$.
Además, se satisface la siguiente regularidad: Si $\phi \in H^s_{per}$ entonces $T(t)\phi \in H^r_{per}$ $\forall r \leq s$, $\forall t \in \mathbb{R}$ y existe una constante $C > 0$ tal que $\|T(t)\phi\|_r \leq C\|\phi\|_s$, $\forall t \in \mathbb{R}$ y $\forall r \leq s$.

Demostración.- Su prueba es análoga a la prueba del Teorema 5.4 y como consecuencia del Teorema 5.5.

$\square$

Observación 5.3 *Observemos que $g_o = g|_{[0,\infty)}$ y que $T_o = T|_{[0,\infty)}$ es un semigrupo de contracción. Así, el límite g_o hereda las propiedades de la familia $\{u_\beta\}_{\beta>0}$.*

5.4. Conclusiones

En nuestro estudio de la ecuación KdV-K-S en espacios de Sobolev periódico, hemos obtenido importantes resultados, entre los cuales destacamos:

1. Mediante la teoría de Fourier, probamos en detalle la existencia y unicidad de solución del modelo (P_3), como también la dependencia continua de la solución respecto a los datos iniciales.

2. Probamos la regularidad de la solución.

3. Posteriormente, introducimos una familia de operadores y probamos que forma un C_o-Semigrupo. Expresamos la solución del problema (P_3) por medio de estos operadores, haciendo los resultados más finos.

4. Estudiamos el comportamiento en el límite de las soluciones u_β, con parámetro $\beta > 0$. Esto es, $\lim_{\beta\to 0} u_\beta$ es también solución de un problema de valor inicial.

5. Finalmente, usando la teoría de grupos unitarios conseguimos importantes resultados de existencia y aproximación.

Capítulo 6

Conclusiones

En el desarrollo de este trabajo, hemos obtenido importantes resultados, entre los cuales destacamos:

1. Elaboramos y estudiamos un marco teórico sólido sobre la teoría de Fourier generalizada en los espacios infinito dimensionales H^s_{per}, lo cual nos permitió aplicarlo a varias ecuaciones de evolución, teniendo libertad de poder usarlo en muchas otras aplicaciones.

2. Vía la teoría de Fourier, probamos en detalle la existencia y unicidad de solución de los modelos (P_1), (P_2) y (P_3). Bajo adecuadas condiciones probamos la dependencia continua de las soluciones respecto a los datos iniciales.

3. Profundizamos nuestro estudio obteniendo más regularidad de las soluciones de (P_1), (P_2) y (P_3).

4. Así, con el soporte de la teoría de Semigrupos, grupos o familias fuertemente continuas logramos construir familias de operadores que generalizan las soluciones de los problemas estudiados y obtenemos una metodología que permite generalizar y hacer más fino los resultados.

5. Finalmente, usando la Teoría de Fourier, analizamos la existencia de solución de las ecuaciones no homogéneas (P_1^F) y (P_2^F), obteniendo óptimos resultados de existencia y dependencia continua de la solución respecto a los datos iniciales y a la no homogeneidad. Cabe resaltar que un estudio análogo se realiza para el caso (P_3^F).

Bibliografía

Adams R. A. (1975). *Sobolev Spaces*. Academica Press.

Benjamin T. B. (1967). Internal Waves of Permanent Form in Fluids of Great Depth. *J. Fluid Meek, 29*, 559-592.

Biagioni H. A. , Bona J.L., Iorio R. and Scialom M. (1996). On the Korteweg de Vries Kuramoto Sivashinsky equation. *Adv. Diff. Eq., 1*(1), 1-20.

Bona J.L. and Smith R.(1975). The initial value problem for the KdV equation. *Philos. Trans. Royal Soc. London, A*(278), 555-604.

Courant R. and Hilbert D. (1969). *Methods of Mathematical Physics*. Interscience, Wile, New York, Vol 2.

Creighton Buck R. (1965). *Advanced Calculus*. Mc Grawhill Book Company.

Ercolani N.M., McLaughlin D. W. and Roitner H. (1996). *Attractors and transients for a perturbed periodic KdV equation: a nonlinear spectral analysis*. J. of Nonlinear Science.

Folland G. B. and Sitaram A. (1997). The uncertainty principle: a mathematical survey. *J. Fourier Anal. Appl., 3*, 207-238.

Iorio, R. (2002). *Fourier Analysis and partial Differential Equations*. Cambridge University.

Kato T. (1983). On the Cauchy problem for the (generalized) KdV equations. *Studies in Applied Math. Advances in Math. Suppl. studies, 8*, 93-128.

Kenig C. Ponce G. and Vega L. (1991). Wellposedness of the initial value problem for the KdV equations. *J. Amer. Math. Soc., 4*, 323-347.

Linares F. and Ponce G. (2015). *Introduction to nonlinear dispersive equations.* Springer Verlag, New York.

Liu Z. and Zheng S. (1999). *Semigroups associated with dissipative system.* Chapman Hall/CRC.

Muñoz Rivera J.E. (2007). *Semigrupos e equações Diferenciais Parciais.* Petrópolis - LNCC.

Pazy A. (1983). *Semigroups of linear operator and applications to partial differential equations.* Applied Mathematical Sciences. 44, Springer Verlag. Berlín.

Rubinstein I. and Rubinstein L. (1998). *Partial differential equations in classical mathematical physics.* Cambridge University Press.

Rudin W. (1976). *Principles of Mathematical Analysis.* Ed. Mc. Grawhill.

Santiago Ayala Y. (2003) Sobre la analiticidad del semigrupo C_o asociado a un sistema viscoelástico. *Pesquimat, 6*(02), 27-36.

Santiago Ayala Y. (2009). Control en la frontera libre de una viga viscolelástica con memoria. *Pesquimat, 12*(01), 32-49.

Santiago Ayala Y. (2012). Global existence and exponential stability for a coupled wave system. *Journal of Mathematical Sciences: Advances and Applications, 16*(12), 29-46.

Santiago Ayala Y. (2014) *Tópicos de Análisis Funcional. Fundamentos y Aplicaciones.* Editorial Académica Española.

Santiago Ayala Y. and Rojas Romero S. (2017). Regularity and wellposedness of a problem to one parameter and its behavior at the limit. *Bulletin of the Allahabad Mathematical Society, 32*(2), 207-230.

Santiago Ayala Y. and Rojas Romero S. (2019). Existencia y regularidad de solución de la ecuación del calor en espacios de Sobolev periódico. *Selecciones Matemáticas, 6*(1), 49-65.

Santiago Ayala Y. and Rojas Romero S. (2020). Existencia y dependencia continua de la solución de la ecuación de onda no homogénea en espacios de Sobolev periódico. *Selecciones Matemáticas, 7*(1), 52-73.

Shahjalal M., Sultana A., Valluri R., Mitra N. and Khan A. (2015). Black-Scholes PDE and Ornstein-Uhlenbeck SDE process to analyse stock option: A study in Fuzzy context. *Intern. Journal of Mathematics and Computing, 1*(1), 1-10.

Tadmor E. (1986). The wellposedness of the Kuramoto Sivashinsky equation. *SIAM J. Math. Anal., 17*, 884-893.

Terence T. (2006). *Nonlinear dispersive equations: Local and Global analysis.* Regional conference series in mathematics, No. 106. American Mathematical Society.

Topper J. and Kawahara T. (1978). Appoximate equations for long nonlinear waves on a viscous fluid. *J. Phys. Soc. Japan, 44*, 663-666.

Printed by Books on Demand GmbH, Norderstedt / Germany